国家出版基金项目
NATIONAL PUBLICATION FOUNDATION

十四个集中连片特困区
中药材精准扶贫技术丛书

罗霄山区
中药材生产加工适宜技术

总主编　黄璐琦
主　编　虞金宝

U0285461

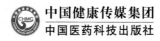

中国健康传媒集团
中国医药科技出版社

内 容 提 要

本书为《十四个集中连片特困区中药材精准扶贫技术丛书》之一。本书分总论和各论两部分：总论介绍罗霄山区中药资源概况、自然环境特点、病虫害防治技术、主要品种市场变化分析、相关中药材产业发展政策；各论选取罗霄山区优势和常种的 19 个中药材种植品种，每个品种重点阐述植物特征、资源分布、生长习性、栽培技术、采收加工、标准、仓储运输、药材规格等级、药用和食用价值等内容。

本书供中药材研究、生产、种植人员及片区农户使用。

图书在版编目（CIP）数据

罗霄山区中药材生产加工适宜技术 / 虞金宝主编 . — 北京：中国医药科技出版社，2021.11

（十四个集中连片特困区中药材精准扶贫技术丛书 / 黄璐琦总主编）

ISBN 978-7-5214-2496-6

Ⅰ . ①罗⋯　Ⅱ . ①虞⋯　Ⅲ . ①药用植物—栽培技术②中药加工　Ⅳ . ① S567 ② R282.4

中国版本图书馆 CIP 数据核字（2021）第 098268 号

审图号：GS（2021）2390 号

美术编辑　陈君杞
版式设计　锋尚设计

出版　中国健康传媒集团│中国医药科技出版社
地址　北京市海淀区文慧园北路甲 22 号
邮编　100082
电话　发行：010-62227427　邮购：010-62236938
网址　www.cmstp.com
规格　710×1000mm 　$^1/_{16}$
印张　13$^7/_8$
字数　266 千字
版次　2021 年 11 月第 1 版
印次　2021 年 11 月第 1 次印刷
印刷　北京盛通印刷股份有限公司
经销　全国各地新华书店
书号　ISBN 978-7-5214-2496-6
定价　68.00 元

版权所有　盗版必究
举报电话：010-62228771
本社图书如存在印装质量问题请与本社联系调换

获取新书信息、投稿、为图书纠错，请扫码联系我们。

编 委 会

总主编　黄璐琦

主　编　虞金宝

副主编　朱培林　袁源见

编　委（以姓氏笔画为序）

王小青　叶昌炎　吴先昊　何小群　张燎斌

陈　超　陈星星　郑明敏　黄　斌　黄丽莉

彭智祥　曾慧婷　蔡妙婷　廖卫波

编写单位

江西省中医药研究院

江西省林业科学院森林药材与食品研究所

序

　　"消除贫困、改善民生、实现共同富裕，是社会主义制度的本质要求。"改革开放以来，我国大力推进扶贫开发，特别是随着《国家八七扶贫攻坚计划（1994—2000年）》和《中国农村扶贫开发纲要（2001—2010年）》的实施，扶贫事业取得了巨大成就。2013年11月，习近平总书记到湖南湘西考察时首次作出"实事求是、因地制宜、分类指导、精准扶贫"的重要指示，并强调发展产业是实现脱贫的根本之策，要把培育产业作为稳定脱贫攻坚的根本出路。

　　全国十四个集中连片特困地区基本覆盖了我国绝大部分贫困地区和深度贫困群体，一般的经济增长无法有效带动这些地区的发展，常规的扶贫手段难以奏效，扶贫开发工作任务异常艰巨。中药材广植于我国贫困地区，中药材种植是我国农村贫困人口收入的重要来源之一。国家中医药管理局开展的中药材产业扶贫情况基线调查显示，国家级贫困县和十四个集中连片特困区涉及的县中有63%以上地区具有发展中药材产业的基础，因地制宜指导和规划中药材生产实践，有助于这些地区增收脱贫的实现。

　　为落实《中药材产业扶贫行动计划（2017—2020年）》，通过发展大宗、道地药材种植、生产，带动农业转型升级，建立相对完善的中药材产业精准扶贫新模式。我和我的团队以第四次全国中药资源普查试点工作为抓手，对十四个集中连片特困区的中药材栽培、县域有发展潜力的野生中药材、民间传统特色习用中药材等的现状开展深入调研，摸清各区中药材产业扶贫行动的条件和家底。同时从药用资源分布、栽培技术、特色适宜技术、药材质量等方面系统收集、整理了适宜贫困地区种植的中药材品种百余种，并以《中国农村扶贫开发纲要（2011—2020年）》明确指出的六盘山区、秦巴山区、武陵山区、乌蒙山区、滇桂黔石漠化区、滇西边境山区、大兴安岭南麓山区、燕山－太行山区、吕梁山区、大别山区、罗霄山区等连片特困地区和已明确实施特殊政策的西藏、四省藏区（除西藏自治区以外的四川、青海、甘肃和云南四省藏族与其他民族共同聚住的民族自治地方）、新疆南疆三地州十四个集中连片特困区为单位整理成册，形成《十四个集中连片特困区中药材精准扶贫技术丛书》（以下简称《丛书》）。《丛书》有幸被列为2019年度国家出版基金资助项目。

《丛书》按地区分册，共14本，每本书的内容分为总论和各论两个部分，总论系统介绍各片区的自然环境、中药资源现状、中药材种植品种的筛选、相关法律政策等内容。各论介绍各个中药材品种的生产加工适宜技术。这些品种的适宜技术来源于基层，经过实践验证、简单实用，有助于经济欠发达的偏远地区和生态脆弱地区开展精准扶贫和巩固脱贫攻坚成果。书稿完成后，我们又邀请农学专家、具有中药材栽培实践经验的专家组成审稿专家组，对书中涉及的中药材病虫害防治方法、农药化肥使用方法等内容进行审定。

"更喜岷山千里雪，三军过后尽开颜。"希望本书的出版对十四个集中连片特困区的农户在种植中药材的实践中有一些切实的参考价值，对我国巩固脱贫攻坚成果，推进乡村振兴贡献一份力量。

2021年6月

前　言

　　中医药历史悠久，早在3000年前，商代的甲骨文中，就有了中医药治疗疾病的记载。在长期的实践中，中医药不断发展，形成了独具特色的理论体系，为人民的健康和中华民族的繁荣昌盛作出了巨大的贡献。中药资源是中医药发展的重要物质基础，只有好的中药材才能生产出好的药品，进而保证临床疗效。然而，随着人们对中医药需求的不断增长和对野生中药资源的过度采挖，导致部分中药材野生资源濒临灭绝。中药材原料的供应也由原以野生为主转为以种植为主。

　　罗霄山区为亚热带季风湿润气候，其地貌类型以山地、丘陵为主，山地多、平原少，耕地面积小、耕地后备资源不足，属典型的山区，森林覆盖率达72%，为我国野生中药资源分布丰富的重要区域之一，为高品质中药材种植提供了优越的环境条件。

　　《"十三五"脱贫攻坚规划》提出，支持中医药和民族医药事业发展。首次将中药材种植列入国家精准扶贫范围。2017年8月1日，国家中医药管理局、国务院扶贫办、工业和信息化部、农业部和中国农业发展银行等五部门，联合印发了《中药材产业扶贫行动计划（2017—2020年）》，提出"在贫困地区实施中药材产业扶贫行动，以建立切实有效的利益联结机制为重点，将中药材产业发展与建档立卡贫困人口的精准脱贫衔接起来，基本实现户户有增收项目、人人有脱贫门路，助力中药材产业扶贫对象如期'减贫摘帽'"。本书选取罗霄山区具有优势和常种的车前子、枳壳、杜仲、厚朴等19个中药材品种，组织有关中药材种植技术人员，从植物特征、资源分布、生长习性、栽培技术、采收加工、标准、仓储运输、药材规格等级等方面逐一对品种进行阐述，以指导和提高中药材种植人员的水平。希望有助于巩固脱贫攻坚成果，推进乡村振兴。

本书在编写过程中得到了多位专家、技术人员的支持和帮助，在此致以真诚的感谢！限于编者水平，书中尚有不足和疏漏之处，敬请各位读者批评指正。

编　者

2021年7月

目 录

总 论

各 论

总 论

一、罗霄山区中药资源概况

2012年，由江西、湖南两省联合起草的《罗霄山片区区域发展与扶贫攻坚规划（2011—2020年）》（以下简称《规划》）方案，于2013年2月，获国务院扶贫办、国家发展改革委批准。罗霄山区是全国14个集中连片特困地区之一，《规划》指出区域范围包括江西、湖南两省共24个县（市、区），其中有23个集中连片特殊困难地区县市，有16个国家扶贫开发工作重点县，有23个革命老区县（市）。罗霄山区大部分县属于原井冈山革命根据地和中央苏区范围，是全国著名的革命老区，为中国革命胜利和新中国建设作出过重大贡献和巨大牺牲，是新阶段扶贫攻坚主战场之一。

罗霄山集中连片特困地区总共23个县（市），区域面积达50 540平方公里，境内有畲族、瑶族、黎族等少数民族。江西片区包括：赣州市所辖的赣县区、上犹县、安远县、宁都县、于都县、兴国县、会昌县、寻乌县、石城县、瑞金市、南康区和吉安市所辖的井冈山市、遂川县、万安县、永新县以及萍乡市所辖的莲花县、抚州市所辖的乐安县等17个县（市）。湖南片区包括株洲市所辖的茶陵县、炎陵县和郴州市所辖的汝城县、宜章县、安仁县、桂东县共6个县。罗霄山区自古以来就是中药材传统产区，如"三木"药材（杜仲、厚朴、黄柏）和平术（白术）的主产区。因此，在现有的中药资源的基础上，推动中药材种植，有利于该区域贫困人口整体脱贫致富，有利于缩小地区发展差距，有利于保障长江流域生态安全，促进生态文明建设和可持续发展，实现国家总体战略布局和全面建设小康社会的奋斗目标。

二、罗霄山区自然环境特点

罗霄山脉总体成南北走向，褶皱断块山，由花岗岩和片麻岩组成。长约150千米，宽30～45千米。组成罗霄山脉的几座小山岭则成东北—西南走向，森林和矿产资源丰富。

罗霄山区地处罗霄山脉中南段及其与南岭、武夷山连接地区，总面积为5.3万平方公里。地貌类型以山地、丘陵为主。垂直海拔差大，最低海拔82米，最高海拔2120.4米（罗霄山脉南段万洋山主峰南风面）。区域内矿产资源丰富，可开发利用矿产达20多种，其中江西赣南地区钨、稀土、铀、萤石等矿产储量居全国前列，赣南素有"世界钨都""稀土王国"的美誉。

该区域是长江支流赣江和珠江支流东江的发源地,是湘江的重要水源补给区,是我国南方重要的水源涵养区和生态屏障。森林覆盖率为72%,生物多样性丰富,有"天然物种宝库"之称。

(一)罗霄山区气候资源特点

该区域气候类型总体为亚热带季风湿润气候,但不同地区其气候特征也有不同。

井冈山地区位于罗霄山脉中段,属于亚热带季风湿润气候,水热条件充沛,年平均气温17℃以上。年平均降水量为1889.8毫米,最大降水量为2878.8毫米(2002年),最少降水量为1297.4毫米。常年平均蒸发量978.8毫米,相对湿度为85%,年均无霜期247.5天,年日照时数约1365.5小时。井冈山逆温明显,即冬季出现气温随海拔高度的增高而递增的现象。

八面山位于罗霄山脉南段,属于中亚热带季风湿润气候,特点是冬、夏季时间长,但冬季无严寒,夏季无酷暑,春秋季短,但秋季温度高于春季,雨量充沛,季节分配不均,年际变化大。年平均气温15.8℃;年均无霜期240~280天;降水量极为丰沛,年均降水量1900毫米以上,但全年降水季节分配不均,夏季降水量最多,占全年降水量的71%。

(二)罗霄山区土壤资源特点

罗霄山脉地貌类型以山地、丘陵为主,山地多、平原少,耕地面积小、耕地后备资源不足,在江西遂川县流传着"八山一水半分田、半分道路和庄园"的说法,属典型的山区。

土壤类型共有10个土类,12个亚类,45个土属,195个土种。主要土壤有第四纪红壤紫色土、红砂岩低丘红壤、花岗岩低丘红壤和变质岩低丘红壤等。河谷平原大部为农田,已发育成各种类型的水稻土;岗地丘陵土壤为红壤,呈酸性反应,植被覆盖率为40%~60%,主要有马尾松、灌木丛、草灌丛、人工杉木林及油茶林等;边缘山区土壤垂直分布,于海拔500~1000米低山,土壤为黄红壤,植被为常绿阔叶林;于海拔1000~1500米中山地带,土壤为黄壤,植被主要为针阔叶混交林;于海拔1500米以上,土壤为黄棕壤,植被多为山地草丛。

三、罗霄山区中药资源现状

（一）罗霄山区中药资源特点

罗霄山脉是我国主要山脉之一，自然环境优越，森林植被茂盛，据不完全统计，罗霄山区药用植物多达3000余种，20世纪70～80年代曾是江西、湖南两省中药材种植的重要产区。改革开放以来，随着原有医药体系的兼并和解体，片区中药材种植面积锐减。但仍有部分地区保留着中药材种植的习惯，特别是近十年来，中药材种植得到了较大发展，经初步统计，片区中药材种植面积超过10万亩的主要品种有：栀子、枳壳、黄精、黄柏、杜仲、厚朴、白花蛇舌草、何首乌、车前子、广东紫珠、铁皮石斛、覆盆子、灵芝等。野生药材主要有七叶一枝花、八角莲、草珊瑚、粉防己、天南星、葛根、骨碎补、前胡、金樱子等。

各地中药资源现状如下。

1. 罗霄山区——湖南区域

该地区位于罗霄山脉西南段及其与南岭连接地区，属于亚热带季风湿润气候。区内野生动植物繁多，中草药资源极为丰富，植物物种约2000种，其中中药材资源达1800种以上，素有中华"动植物基因库"和"中药材宝库"之美誉。蕴藏量较大，有杜仲、厚朴、银杏、银杉、红皮紫茎、银鹊树、南方铁杉、红豆杉等珍稀物种。栽培种植的大宗中药材主要包括厚朴、白芷、杜仲、茯苓、丹参、生姜等。其中安仁县境内的名贵珍稀药材和民族药材有七叶一枝花、八角莲、白及、钩藤等，中药材基地有丹参、茯苓、白术、牡丹、枳壳等，此外，还建立了神农中药园等示范种植基地。茶陵县的紫皮大蒜、生姜与白芷并称"茶陵三宝"。炎陵县目前共发现野生中药材420种，有"天然药仓"之称。种植品种有千斤拔、厚朴、杜仲、绞股蓝等。桂东县境内药材资源丰富，有中草药资源1246种，包括杜仲、厚朴、鸡脚黄连、花椒、薏苡等大宗名贵药材。汝城县内野生药用植物有700多种，包括汝升麻、绞股蓝、百合、丹参、龙胆草、白及、淫羊藿、虎杖、杏叶沙参、石菖蒲等，其产茯苓等品种畅销国内外。宜章县是我国中南部地区罕见的"生物基因库"，有上千种国家保护动植物及丰富的药用植物，开发的药用植物资源有旱半夏、百合等。

2. 罗霄山区——江西片区

该地区位于罗霄山脉中、南段及与南岭、武夷山连接地区，属于亚热带季风湿润气候。区内野生动植物繁多，中药材资源达2000种以上。主要野生品种有七叶一枝花、八角莲、草珊瑚、粉防己、天南星、葛根、骨碎补、前胡、金樱子等。种植品种有"三木药材"（杜仲、厚朴、黄柏）、铁皮石斛、草珊瑚、粉防己、何首乌、白花蛇舌草、栀子、枳壳等。其中井冈山保护自然区有药用种子植物167科，529属，1125种（包括变种、变型），稀有濒危药用植物135种，第四次全国中药资源普查结果显示，井冈山市的中药材种植主要有铁皮石斛、七叶一枝花、八角莲、厚朴、杜仲、黄柏等，种植面积近万亩。遂川县，第三次全国中药资源普查结果显示，药用植物品种703种；第四次全国中药资源普查结果显示，种植的中药材主要有厚朴、杜仲、黄柏、吴茱萸、白芷、藁本、栀子、粉防己、草珊瑚、白花蛇舌草、玉竹等，中药材种植面积达万亩以上。

（二）罗霄山区的中药加工及流通情况

由于罗霄山区的自然条件优越，具有丰富的中药资源，从而吸收中成药企业在本片区设立中药材生产基地或定点采购中药材。如在炎陵县建立千斤拔种植基地，在安仁县建立丹参、茯苓、白术、牡丹、枳壳等中药材基地，在安远县建立山香园种植基地等。2018年，通过实地考察，一些企业与中药材种植专业合作社签订了白花蛇舌草、车前子和覆盆子定点采购协议。

本区有很长的中药材生产历史，20世纪70～80年代曾是江西、湖南两省中药材种植的重要产区，至今每个县仍有2～3家及以上从事当地主产药材收购的个体收购商或企业。截至2015年底，江西境内经药品生产质量管理规范认证的医药企业有15家，其中中药制剂生产企业9家，中药饮片生产企业4家；中药企业主营业务收入达57.54亿元，占医药工业的77.05%。本区内目前尚无大型中药材交易市场。

四、罗霄山区产业扶贫特点

罗霄山区具有贫困面广、贫困程度深、民族多、生态脆弱等典型性和代表性，其贫困特点如下。

1. 农户收入水平低，老区振兴任务重

农民人均纯收入水平低，大部分农户家底薄、积累少，自我发展和抵御市场风险能力弱。受历史、地理等多重因素影响，经济社会发展相对落后。

2. 经济发展基础薄弱，产业结构单一

脆弱的内外部环境容易导致区域经济增长的"短板效应"，经济结构单一——以农业为主，一二三产业比例严重失调，非农经济低迷，从而导致经济增长动力不足。

3. 地理资本脆弱、地理位置偏远

罗霄山区地处长江中下游，是国家长江生态保护的主要区域，基本以山区为主，可用耕地面积十分有限，严重影响产业规模的扩大和发展。同时，由于地处山区，交通不发达，导致交通物流成本增加，特别是偏远山区的乡村。

4. 社会发展基础脆弱，自我发展能力不足

据统计，贫困地区的教育严重滞后，人均教育投入和师生比例明显低于平均水平；从而导致人文贫困问题凸显，人力资本、市场信息获取能力和市场需求对接能力低下也加重了贫困地区的贫困程度。

5. 中药材生产集约化低，市场体系不完善

片区内中药材生产基地普遍规模小、零星分散，中药材生产技术水平不高，规范化种植意识不强。产地加工技术薄弱，中药材仓储、包装、运输等基础条件差，物流成本高，中药材产销信息不对称，导致出现种植的中药材卖不出去的现象。

6. 龙头企业带动力弱，产业链不完整

片区内的一些大型中药企业对部分地区中药产业扶贫起到了较大作用。但是整体来看，企业所需求的原材料在片区内的覆盖面少，企业与种植户之间未形成紧密的利益共享机制。同时，片区内缺乏具有以区域特色中药材为主的大企业、大基地，产业链延伸不够，未形成具有核心市场竞争力的产业或产业集群。

7. 中药种植水平低下，药材质量意识薄弱

片区内大多县（市/区）的中药材种植历史较短，中药材种植中大多沿用农业生产模式，中药材种植专业技术人员严重缺乏，科技贡献率低。片区内种植中药材的人员多以50岁以上的中老年人和妇女为主，中药材质量意识淡薄，甚至滥施化肥和农药，从而导致出

现农残、重金属超标现象。

五、罗霄山区病虫害防治技术

（一）病虫害防治的总原则

1. 合理使用农药

根据中药材采收部位的不同，农药的性质、病虫草害的发生、发展规律，适宜地施用农药，力争以最少的用量获得最大的防治效果。合理用农药一般应注意以下几个问题：对症用药，掌握用药的关键期与最有效的施药方法；注意用药的浓度与用量，掌握正确的施药量；改进农药性能，如加入表面活性剂来改善药液的黏着性能；合理混用农药等。

2. 安全使用农药

按照《中药材生产质量管理规范》《农药安全使用规定》《农药安全使用标准》等，预防为主、综合防治。特别是高毒、高残留农药不得用于中药材，注意施用农药一定在安全间隔期内进行。

3. 采取避毒措施

在农药污染较严重的地区，一定时期内不栽种易吸收农药的中药材，可栽培抗病、抗虫中药材新品种，以减少农药的施用。

4. 综合防治

积极开展农业防治、生物防治，实行合理轮作和倒茬。使用高效、低毒、低残留的农药品种，禁止使用淘汰的农药品种。

5. 摸清中药材的采收期

杜绝在安全间隔期内采收和出售中药材。因各种药剂的分解、消失速度不同，药材的生长趋势和季节不同，所以具有不同的安全间隔期，注意采收时药材离最后喷药的时间越长越好。

6. 进行去污处理

对残留在中药材表面的农药可作去污处理。如通过暴晒、清洗等方法减少或去除农药残留污染。

（二）禁止使用和不得在中草药材上使用的高毒农药

2002年6月5日，中华人民共和国农业部公布《国家明令禁止使用的农药和不得在蔬菜、果树、茶叶、中草药材上使用的高毒农药品种清单》（第199号），明确了以下事项。

1. 国家明令禁止使用的农药

六六六（HCH），滴滴涕（DDT），毒杀芬（camphechlor），二溴氯丙烷（dibromo-chloropane），杀虫脒（chlordimeform），二溴乙烷（EDB），除草醚（nitrofen），艾氏剂（aldrin），狄氏剂（dieldrin），汞制剂（Mercurycompounds），砷（arsena）、铅（acetate）类，敌枯双，氟乙酰胺（fluoroacetamide），甘氟（gliftor），毒鼠强（tetramine），氟乙酸钠（sodiumfluoroacetate），毒鼠硅（silatrane）。

2. 在蔬菜、果树、茶叶、中草药材上不得使用和限制使用的农药

甲胺磷（methamidophos），甲基对硫磷（parathion-methyl），对硫磷（parathion），久效磷（monocrotophos），磷胺（phosphamidon），甲拌磷（phorate），甲基异柳磷（isofenphos-methyl），特丁硫磷（terbufos），甲基硫环磷（phosfolan-methyl），治螟磷（sulfotep），内吸磷（demeton），克百威（carbofuran），涕灭威（aldicarb），灭线磷（ethoprophos），硫环磷（phosfolan），蝇毒磷（coumaphos），地虫硫磷（fonofos），氯唑磷（isazofos），苯线磷（fenamiphos），上述19种高毒农药不得用于蔬菜、果树、茶叶、中草药材上。

三氯杀螨醇（dicofol），氰戊菊酯（fenvalerate）不得用于茶树上。任何农药产品都不得超出农药登记批准的使用范围使用。

（三）病害防治技术

1. 黑穗病

发病首先出现于穗尖，发黑枯萎，然后整株倒伏，以4月中下旬至5月初发生严重，即高温高湿时很快蔓延。中药材车前易发生此种病害。

防治方法

（1）栽培措施：不连作；施肥时严禁使用未充分腐熟的人畜粪尿，充分腐熟的人畜粪尿也要适量施用，后期控制氮肥；栽培密度宜稀，保证通风透气。

（2）经常喷波尔多液保护和预防。

（3）播种前对种子、土壤消毒；在幼苗期、移栽苗的返青后刚开始抽穗时，3次用各种高效低毒杀菌剂交替喷苗预防。

（4）经常性观察，一旦发现染病植株，及时挖除，且在周围施以低毒高效杀菌剂。病害发生时，除清除病株外，其他植株和附近田地需要进行喷药保护，可喷施1%波尔多液、50%多菌灵可湿性粉剂600倍液、50%托布津可湿性粉剂600倍液、75%百菌清可湿性粉剂600～800倍液。

2. 白粉病

叶子上密布白色粉状物，为病原菌的子囊壳，发生病害严重时，叶片枯萎死亡。多发生于新茎和嫩叶上，也可危害老叶。叶面先出现褐色小斑，后逐渐扩大成圆形，病斑产生灰白色小点。中药材车前、前胡、金银花易发生此种病害。

防治方法

（1）因地制宜选用抗病品种。

（2）加强栽培管理，合理密植。

（3）适当增施磷、钾肥，以增强植株抗病力。

（4）适时灌溉，雨后及时排水，防止湿气滞留。

（5）苗期应每隔10～15天喷波尔多液1次。

（6）发病时喷0.3波美度石硫合剂，或者50%甲基托布津1000倍液，每隔7～10天1次，连续2～3次。

3. 褐斑病

主要危害叶片，初期多在叶片前缘出现半圆形或者不规则的褐色病斑，随着病害发展加剧，病叶枯萎脱落。高温高湿时蔓延迅速。中药材车前、杜仲、金银花、白及易发生此种病害。

防治方法

（1）及时清除病叶。

（2）加强田间栽培管理，雨后及时排水。

（3）适当增施腐熟的有机肥，以增强植株抗病能力。

（4）发病期用50%多菌灵可湿性粉剂500倍液、75%百菌清可湿性粉剂600倍液交替连续喷施2～3次，间隔期7～10天。

4. 疮痂病

危害新梢、叶片、花果等幼嫩部分。果实在5月下旬至6月上、中旬发病最严重。中药材枳壳易发生此种病害。

防治方法

（1）结合修剪，剪除病枝、病叶，并集中烧毁。

（2）在春芽萌发前和生理落花停止或花谢后各喷施0.5：0.5：100波尔多液或40%多菌灵悬浮剂800～1000倍液1次。

5. 溃疡病

危害嫩叶、幼果和新梢。中药材枳壳易发生此种病害。

防治方法

（1）严格检疫，用无病苗木栽植。

（2）剪除病枝、病叶，并应集中烧毁。

（3）嫩梢和幼果期施药防治，药剂可选用噻菌铜、波尔多液、农用链霉素等。

6. 树脂病

危害枝叶、果实。中药材枳壳易发生此种病害。

防治方法

（1）加强园地管理，疏通排水沟，及时追肥，增强植株抗病能力。

（2）冬季采用涂白剂刷树干（刷白剂配比为石灰：硫黄粉：水：食盐=10：1：60：0.2～0.3）。

（3）及时挖掉病株或锯掉枯死病枝烧毁。

（4）在夏、秋季治理发病部位，刮除病菌直至树干木质部，然后涂上1∶1∶100波尔多液。

7. 烟煤病

危害叶、枝和果实。发病初期，叶和枝上发生暗褐色霉斑，扩大后形成黑色霉层，影响光合作用。严重时造成落叶、枯枝。当蚧壳虫、粉虱、蚜虫大量出现时易发生此种病害。中药材枳壳易发生此种病害。

防治方法

（1）加强防治，及时除去发病部分，并集中烧毁。

（2）适当修剪，改善树冠内膛通风透光条件。

（3）注意排水，使树势生长旺盛，增强抗病能力。

8. 煤污病

蚜虫等分泌的甜味分泌物，常会诱发本病的发生，在被害处及其下部叶片、嫩梢和树干上就会诱发不规则的黑褐色煤状物。这种煤状物容易剥落，剥落后叶面仍呈绿色，若发病严重则影响光合作用，树势衰弱，开花结果少。一般于每年的5月上旬至6月中旬，蚜虫较多的情况下发生。中药材吴茱萸易发生此种病害。

防治方法

（1）治蚜防病，5月上旬至6月中旬，蚜虫发生时，可喷40%乐果1000～1500倍液或以25%亚胺硫磷800～1000倍液，每隔7天1次，连续使用2～3次。

（2）发病初期，用1∶0.5∶150～200的波尔多液喷雾防治，每隔10天1次，连续使用2～3次。

9. 锈病

开始时在叶背出现黄绿色近圆形边缘不明显的小点，后期在叶背形成橙黄色微突起的疮斑（夏孢子堆），发病严重的，叶片枯萎、脱落。一般于每年的5月中旬；6～7月危害严重。中药材吴茱萸易发生此种病害。

防治方法

在发病初期喷以0.2～0.3波美度石硫合剂、50%二硝散200倍液、65%代森锌可湿性粉剂500倍液或97%敌锈钠300倍液（加洗衣粉150克），喷雾防治，每7～10天使用1次，连续使用2～3次。

10. 斑枯病

病斑开始较小，初始呈暗绿色，扩大后变灰白色，严重时，病斑汇合成多角形大斑，病部脆硬，天旱时易碎裂。后期在病叶的病斑上密生小黑点，叶片、茎部局部或全部枯死，一般5月发病，7～8月发病严重，直至收获。氮肥过多，植株过密，可促使发病。中药材白芷易发生此种病害。

> 防治方法

（1）因地制宜地选用抗（耐）病品种。

（2）栽植密度适当，保持通风透光。

（3）发病初期，摘除病叶，用1：1：100的波尔多液或用65%代森锌可湿性粉400～500倍液喷雾1～2次。

11. 根腐病

病菌先从须根、侧根侵入，逐步发展至主根，根皮腐烂萎缩，地上部出现叶片萎蔫，苗茎干缩，乃至整株死亡。一般发生在8、9月高温多雨的季节。中药材白芷、杜仲、前胡、白花蛇舌草、覆盆子、厚朴、金银花易发生此种病害。

> 防治方法

（1）选用抗病力强的良种进行栽培，合理轮作或水旱轮作，忌连作。

（2）苗期及时防治害虫，发病前后加强药剂防治并做好病株管理，防止病菌蔓延而发生再次侵染。

（3）合理灌溉，雨后及时排涝除渍。

（4）增施磷、钾肥，强根壮体，增强抗病力。

（5）发病前期及时喷药，控制病害蔓延，用50%托布津400～800倍液、退菌特500倍液、25%多菌灵800倍液灌根。

12. 猝倒病

又称立枯病。中药材杜仲、白花蛇舌草、重楼、厚朴、广东紫珠易发生此种病害。

> 防治方法

参考根腐病。

13. 枝枯病

病害多发生在侧枝上。先是侧枝顶梢感病，然后向枝条基部扩展。感病枝皮层坏死，由灰褐色变为红褐色，后期病部皮层下长有针头状颗粒状物，当病部发展至环形时，引起枝条枯死。中药材杜仲易发生此种病害。

防治方法

对病枝进行修剪，并连同健康部剪去一段，伤口用50%退菌特可湿性粉剂200倍液喷雾，用波尔多液涂抹剪口。

14. 叶枯病

主要危害叶片。发病初期叶片出现黑褐色病斑，随后逐渐扩大，密布全叶，病斑边缘褐色，中间灰白色，有时因干枯而破裂穿孔，严重时，叶片枯死。中药材杜仲、厚朴易发生此种病害。

防治方法

（1）冬季清除落叶枯枝。

（2）发病期及时摘除病叶，用50%多菌灵500倍液、75%百菌清600倍液或64%杀毒矾500倍液等交替喷施2～3次，间隔期7～10天。

15. 角斑病

主要危害叶片。发病呈现不规则、褐色多角形的病斑，病斑上存在灰黑色霉状物。在秋季，叶片的病斑可能长有病菌的有性孢子，呈散生颗粒状，最后导致叶片变黑脱落。中药材杜仲易发生此种病害。

防治方法

（1）增施磷、钾肥，增强植株抗病力。

（2）发病初期喷施1∶1∶100的波尔多液，连续喷施2～3次，间隔期7～10天。

16. 灰斑病

主要危害叶片和嫩梢。叶缘或叶脉先发生，开始呈紫褐色或淡褐色近圆形斑点，继续扩大成灰色或灰白色凹凸不平的斑块，病斑上会散生黑色霉点。嫩梢病斑黑褐色，先呈椭圆形或梭形，后扩展成不规则形，并伴有黑色霉点，严重时嫩梢可能会枯死。中药材杜仲易发生此种病害。

防治方法

（1）嫩梢发芽前期，用0.3%五氯酚钠或5波美度石硫合剂喷杀老梢上的病原。

（2）发病初期，喷洒50%托布津、50%退菌特600倍液或25%多菌灵1000倍液。

17. 菌核病

又叫鸡窝瘟，初期在茎和叶柄发生黄褐色至深褐色的菱形病斑，叶变褐色，严重的变黑，腐烂至死亡，湿度过大时，土表布满白色棉絮状菌丝和黄褐色或黑色的鼠类状菌核。中药材夏天无、重楼易发生此种病害。

防治方法

（1）留种应选用无病虫害中等大小的块茎。

（2）合理轮作，及时开沟排水。

（3）发病初期用代森锌400倍液喷雾，4～7天一次，连续4次。

18. 灰霉病

灰霉病是一种真菌性病害，属低温高湿型病害。叶片发病从叶尖开始，沿叶脉间呈"V"形向内扩展灰褐色，边缘有深浅相间的纹状线，病健交界分明。灰霉病是一种气候病害，可随空气，水流以及农事作业传播。灰霉病病菌色浅，叶片、叶柄发病呈灰白色，水渍状，组织软化至腐烂，高温时表面生有灰霉。幼茎多在叶柄基部初生不规则水浸斑，很快变软腐烂，溢缩或折倒，最后病部腐烂，直至整株枯死。中药材白花蛇舌草、白及易发生此种病害。

防治方法

发病前或初期用药，用40%施佳乐悬浮剂800～1000倍；50%凯泽水分散粒剂1200倍；50%和瑞水分散粒剂1000倍，连续施药2～3次，间隔7～10天。

注意事项：每季作物最多用药3次。

19. 叶斑病

先从茎秆基部的叶片开始，褐色斑点，后扩大呈椭圆形或不规则形，中间淡白色，边缘褐色，靠近正常处常有明显黄晕，病斑类似眼状。病情严重时，基部叶片枯死，并逐渐向上蔓延，最后全株叶片枯死脱落。中药材覆盆子、黄精、半夏易发生此种病害。

防治方法

（1）清除枯枝，将枯枝病残体集中烧毁，消灭越冬病源。

（2）发病前和初期喷10%苯醚甲环唑水分散颗粒剂1500倍液，或50%退菌灵可湿性粉剂1000倍液，每7～10天喷1次，连续喷施3～4次。

（3）发病后喷洒50%甲基托布津可湿性粉剂600倍液，或40%百菌清悬浮剂500倍液、

25%苯菌灵·环己锌乳油800倍液、50%甲基硫菌灵·硫黄悬浮剂800倍液、50%利得可湿性粉剂1000倍液，每隔5～7天喷1次，连续喷施3～4次。

20. 黑斑病

主要危害叶片和茎秆。叶片感染后产生暗褐色圆形或近圆形、不规则病斑，病斑周围具锈褐色轮纹状宽边，病斑扩散较迅速，使得叶片干枯；茎部感染后病斑呈黄褐色椭圆形，向下或向上延伸，病斑中间凹陷变黑，病斑表面长出黑霉。中药材黄精、重楼易发生此种病害。

防治方法

（1）清除枯枝，将枯枝病残体集中烧毁，消灭越冬病源。

（2）发病初期用50%退菌特1000倍液喷雾防治，每隔7～10天喷药1次，连续喷2～3次。

21. 茎基腐病

高温、高湿条件下容易发病。发病初期在茎基部产生黄褐色病斑，病斑扩大后形成深褐色的长梭形病斑，病斑中部凹陷，严重时茎基湿腐倒苗。中药材重楼易发生此种病害。

防治方法

（1）实行轮作，与禾本科作物轮作3年以上。

（2）移栽前苗床喷50%多菌灵可湿性粉剂。

（3）清除枯枝、烂叶等，并带出田外集中烧毁。

（4）大田发病初期用95%敌克松可湿性粉剂灌塘，每隔10天喷药1次，连灌2～3次。

22. 腐烂病

多在高温多湿季节发生。染病后地下块茎腐烂，随即地上部分变黄倒苗死亡。中药材半夏、白及易发生此种病害。

防治方法

（1）选择健康优良的种子栽培，种前用5%的草木灰溶液或50%的多菌灵1000倍液浸种。

（2）发病初期，拔除病株后在穴处用5%石灰乳淋穴，防止病原蔓延。

（3）雨季及大雨后及时疏沟排水。

（4）及时防治地下病害，可减轻病害。

23. 病毒病

发病时，叶片上产生不规则的黄斑，皱缩、卷曲，直至枯死。中药材半夏易发生此种病害。

防治方法

（1）培养无毒种苗或选择无病植株留种，并进行轮作。

（2）适当追施磷钾肥，增强抗病力。

（3）出苗后喷洒1次40%乐果2000倍液或10%吡虫啉可湿性粉剂1000倍液，每隔5～7天1次，连续2～3次。

（4）发现病株，立即拔除，集中烧毁深埋，病穴用5%石灰乳浇灌。

（5）通过防虫网、黏虫板等措施，治虫防病，进行蚜虫的早期防治。

24. 炭疽病

主要危害叶片、叶柄、茎及果实。染病叶病斑圆形或近圆形，病斑中心部分灰白色至浅褐色；病斑边缘绿色至褐色，轮生或聚生黑色小点，即病原菌分生孢子盘。老叶从4月初开始发病，5～6月间迅速发展，以梅雨季节发病较重。新叶多在8月发病，茎、叶柄、浆果染病产生浅褐色梭形凹陷斑，密生黑色小粒点，湿度大时分生孢子盘上聚集大量橙红色分生孢子。分生孢子靠风雨、浇水等传播，多从伤口处侵染。中药材半夏易发生此种病害。

防治方法

（1）选用抗病的优良品种。

（2）发病初期剪除病叶，及时烧毁，防止扩大。

（3）栽植合理。

（4）发病前喷1%波尔多液或27%高脂膜乳剂100～200倍液保护。

（5）发病期间用75%百菌清1000倍液、20%三环唑800倍液或50%炭疽福美600倍液轮换使用，每隔7～10天喷1次，连续3次。

（四）虫害防治技术

1. 斜纹夜蛾

斜纹夜蛾属鳞翅目夜蛾科。一年发生5～6代，以蛹越冬，翌年3月羽化。成虫产卵成块，往往千粒左右，上面覆盖绒毛，卵期5～6天。幼虫孵化后群栖，幼龄时取食叶背面，形成窗斑，能吐丝随风传播，2龄后即分散取食，3龄后对光的反映很强。多在荫蔽处或叶片下隐藏，幼虫期共6龄，经17～21天，老熟幼虫在土中作室或在枯叶下化蛹。主要以幼虫啃食叶肉，致使叶片仅残留表皮和叶脉，严重时将叶片全部吃光，并咬断嫩芽。幼虫的食量很大，虫口多时吃光叶片，危害成灾。中药材车前、白花蛇舌草、白及易发生此种虫害。

防治方法

（1）清除田间杂草，人工捕捉幼虫。

（2）灯光诱杀：利用成虫的趋光性，可用黑光灯诱杀。

（3）保护利用天敌，如车前园中的蚂蚁、寄蝇、草蛉、蝙蝠等天敌须加以保护利用。

（4）斜纹夜蛾幼虫可用0.16亿孢子/毫升苏云金杆菌或青虫菌喷杀。

（5）对低龄幼虫可喷射40%乐果乳油1000～1500倍液。

2. 地老虎

地老虎属鳞翅目夜蛾科。一年发生5代，地老虎幼虫长37～50毫米，暗褐色，背面有两条明显的黄褐色纵线，表皮具有明显颗粒。臀板上有一对黑色斑纹。以老熟幼虫及蛹在土中越冬。越冬代盛蛾期在2月底至3月中、下旬；第二次在6月中、下旬；第三次在6月底、7月初；第四次在7月底、8月初；第五次在9月上、中旬。幼虫猖獗期，在4月底至5月上、中旬。幼虫主要危害嫩茎、叶片。常将幼苗的根茎相连处咬断，致苗木枯亡。有时在根部取食，影响苗生长，甚至枯死。危害严重时，造成缺苗断垄，甚至需毁种重播。中药材车前、杜仲、白花蛇舌草、黄精易发生此种虫害。

防治方法

（1）人工捕杀，清晨巡视苗圃，发现断苗时刨土捕杀幼虫。

（2）清除苗地中的杂草，减少其食料来源。

（3）用糖醋酒液诱杀成虫效果较好。

（4）用40%乐果乳油600倍液防治4龄以上幼虫。

3. 褐天牛

褐天牛的成虫为褐色。2～3年一代，以幼虫和成虫在树干蛀道内越冬。成虫4月中旬至8月下旬发生，5月和7～8月间为盛期。成虫产卵于距离地面0.33～1米高的树干裂缝、伤口或凹陷处以及两枝并生的缝隙内。初孵幼虫在树皮下蛀食，开始蛀入皮层时，有泡沫状物流出。7～20天后逐步蛀入木质部，可见有虫粪自树干排出。受害树木因水分和养分输导受阻，导致树势渐衰，甚至因蛀道太多，木质部被蛀空，树木风折死亡。中药材枳壳、吴茱萸、厚朴易发生此种虫害。

防治方法

成虫羽化期及时捕杀或诱杀；用铁丝钩杀蛀入树干的幼虫，然后将高效低毒杀虫剂注入虫孔或插入用磷化锌、桃胶、草酸自制的毒签，用泥封口，毒杀幼虫。6～8月间经常检查树干，发现虫卵及幼虫，用小刀刮杀，树干涂石硫合剂或者刷白剂。冬季至4月前刷白树干，从基部刷到高度1.5米处。

4. 星天牛

星天牛成虫漆黑色，有光泽，背部有明显的星点白色小斑。一年一代，以幼虫在树干基部木质部蛀洞内越冬，5～6月间羽化成虫，7～8月尚有少量成虫出现，成虫产卵前先在树皮上咬深约2厘米、长约8毫米的"T"或"人"形刻槽，再将卵产于刻槽一边的树皮夹缝中，产卵于树干基部，初孵幼虫在树干基部蛀食，逐步蛀入木质部，可见有虫粪自树干基部排出。一般危害程度比褐天牛轻。中药材枳壳易发生此种虫害。

防治方法

同褐天牛防治方法。

5. 柑橘潜叶蛾

又名鬼画符，危害嫩叶。中药材枳壳易发生此种虫害。

防治方法

（1）冬季修剪清园，集中烧毁枯枝落叶，消灭越冬蛹。

（2）选用敌百虫、阿维菌素、吡虫啉、啶虫脒等。

6. 锈壁虱

又名锈蜘蛛，5月上旬危害春梢叶背，5月中旬转移到幼果上危害。中药材枳壳易发生此种虫害。

防治方法

治中心虫株，当有活幼蚧的叶片超过5%时全园普治，药剂可选用双甲脒、阿维菌素、哒螨灵等。

7. 吉丁虫

一年一代，以幼虫在树干或枝条木质部、皮下越冬，4月中旬至8月下旬为活动期，幼虫先在皮层危害，出现流胶点，以后蛀入木质部。中药材枳壳易发生此种虫害。

防治方法

成虫羽化出洞前（5月初）用棉花沾乐果之类农药原液封洞，或以黄泥加农药涂刷树干被危害部位。发现树干流胶时，用利刀刮除幼虫，涂入农药。

8. 吹绵蚧、红蜡蚧、黑点蚧

蚧壳虫类主要危害果实，也伤害嫩枝叶，并可诱发烟煤病。中药材枳壳、吴茱萸、广东紫珠易发生此种虫害。

防治方法

（1）冬季用石硫合剂或松碱合剂清园。

（2）发生初期用40%乐果乳油800～1500倍液喷杀。

（3）及时剪除有虫枝叶，集中销毁。

（4）在卵孵化末期或幼蚧1龄末2龄初期，用浏阳霉素、噻嗪酮、松碱合剂、杀虫双等药剂防治。

（5）保护和利用澳洲瓢虫、蜡蚧扁角跳小蜂、中国蚜小蜂等天敌。

9. 桔全爪螨

危害嫩梢、叶片、幼果。中药材枳壳易发生此种虫害。

防治方法

（1）冬季用石硫合剂或松碱合剂清园。

（2）春季或发生高峰期用哒螨灵、噻螨酮、双甲脒、克螨特等药剂防治。

10. 蚜虫

危害嫩梢。中药材枳壳、前胡、覆盆子、金银花、半夏、白及易发生此种虫害。

防治方法

（1）保护利用天敌。

（2）种植藿香蓟可以有效降低蚜虫的发生。

（3）剪除被危害枝条、叶片，清除越冬卵。

（4）发生时选用10%吡虫啉可湿性粉剂5000～10 000倍液、3%莫比朗乳油2500～3000倍液等药剂防治。

11. 柑橘凤蝶

5～6月或8～9月发生，幼虫咬食幼芽、嫩茎造成缺刻或孔洞。中药材吴茱萸易发生此种虫害。

防治方法

（1）人工捕杀。

（2）幼虫期用90%晶体敌百虫1000倍液喷雾防治。

12. 黄凤蝶

幼虫咬食叶片、花蕾和嫩梢。叶片呈不规则的缺刻或孔洞，危害严重时仅剩叶柄。中药材白芷易发生此种虫害。

防治方法

（1）人工捕杀幼虫和蛹。

（2）用90%敌百虫800倍液喷雾，每隔5～7天喷1次，连续3次，或用清虫菌（每克菌粉含孢子100亿）500倍液喷雾；BT乳剂200～300倍喷雾。

13. 红蜘蛛

中药材白芷、金银花易发生此种虫害。

防治方法

（1）冬季清园，拾净枯枝落叶集中烧毁。

（2）4月开始用25%杀虫脒水剂500～1000倍液喷雾，每周1次，连续数次。

14. 紫纹羽病

中药材白芷易发生此种虫害。

防治方法

高畦排水，用50%退菌特可湿性粉剂1000倍液喷雾2～3次。

15. 豹纹木蠹蛾

主要危害枝干。中药材杜仲易发生此种虫害。

防治方法

（1）冬季清园，拾净枯枝落叶集中烧毁，以消灭越冬幼虫。

（2）用白涂剂涂刷树干。

（3）招引益鸟，捕食害虫。

16. 刺蛾

主要危害叶片，将叶吃成空洞，缺口。中药材杜仲、前胡、厚朴易发生此种虫害。

防治方法

（1）人工消灭越冬茧。

（2）幼虫发生期喷施50%辛硫磷800倍液。

（3）利用灯光诱杀。

（4）投放赤眼蜂，每公顷3000头。

17. 杜仲夜蛾和杜仲梦尼夜蛾

幼虫食叶，将叶吃成孔洞或缺口。中药材杜仲易发生此种虫害。

防治方法

用20%速灭菊酯乳油、25%氯氰菊酯乳油、2.5%溴氰菊酯乳油、5%来福宁、20%灭扫利、50%辛硫磷乳油等喷杀。

18. 木蠹娥

幼虫在木质髓心处越冬，次年或第三年5月化蛹，6月产卵孵化幼虫，初孵幼虫取食幼枝皮层，继而蛀入木质部。中药材杜仲易发生此种虫害。

防治方法

（1）清理林地、修除虫枝，在主干虫孔处用乐果药棉填塞熏杀。

（2）6月左右卵期在树干涂刷药剂，以杀死虫卵。

（3）饲养白僵菌、小茧蜂等天敌。

19. 蛴螬

一般咬食植株嫩茎，并在7月中旬咬食植株根茎基部，形成麻点或凹凸不平的空洞，使植株逐渐变黄枯萎，严重时可使植株枯死。中药材前胡、黄精、重楼、金银花、半夏、广东紫珠易发生此种虫害。

防治方法

（1）冬季深翻土地，清除杂草，消灭越冬虫卵。

（2）严禁使用未腐熟的有机肥料，避免虫卵混入种植园地。

（3）用黑光灯诱杀成虫。

（4）利用茶色食虫虻、金龟子、黑土蜂等天敌。

（5）危害期用50%辛硫磷可湿性粉剂1000倍液，或每亩用50%辛硫磷乳油50～100克，拌麸皮等3～5千克配成毒饵，施于沟内，诱杀幼虫。

（6）1%甲氨基阿维菌素苯甲酸盐乳油2500倍液灌根。

20. 白飞虱（刺吸式口器害虫）

中药材白花蛇舌草易发生此种虫害。

防治方法

（1）用黄板诱杀成虫。

（2）合理轮作，雨后及时排涝除渍。

（3）深翻土地，清除杂草。

（4）发病初期用25%吡蚜酮、80%烯啶吡蚜酮。

21. 跳甲（黄曲条跳甲）

一般咬食植株叶片，春季危害重于秋季，盛夏高温季节发生危害较少。中药材白花蛇舌草易发生此种虫害。

防治方法

（1）冬季深翻土地，每亩施生石灰100～150千克。

（2）幼虫时用48%毒死蜱1000倍液喷雾或40%氯虫噻虫嗪（福戈）水分散粉剂。

（3）成虫时用2.5%溴氰菊酯乳液60毫升，兑水50千克喷雾，傍晚喷药。

22. 白蚁

为害根部。中药材厚朴易发生此种虫害。

防治方法

（1）用灭蚁灵粉毒杀。

（2）挖巢灭蚁。

23. 棉铃虫

幼虫危害嫩叶，造成叶片缺刻，严重时将吃光整片叶。中药材金银花易发生此种虫害。

防治方法

（1）秋耕冬灌，压低虫源。

（2）清晨人工捕捉、灭虫。

（3）在棉铃虫产卵盛期，结合根外追肥，喷洒1%～2%过磷酸钙浸出液，可减少落卵量。

（4）田间摆放杨柳枝把诱导。

（5）灯光诱集：用黑光灯、高压汞灯、频振式杀虫灯进行诱集，诱集半径为80～160米。

（6）性信息素诱集，利用性诱剂诱杀雄蛾，诱集半径为30米。

24. 红天蛾

初孵幼虫在叶背面啃食表皮，形成透明斑。2龄起食成小孔洞，3龄从叶缘成缺刻，4～5龄食量最大，发生严重时，可食光叶片。中药材半夏易发生此种虫害。

防治方法

（1）秋后或早春耕翻土壤，以消灭越冬蛹。

（2）幼虫发生期结合中耕除草，人工捕捉。

（3）清洁田园，中耕松土破坏其荫蔽、化蛹场所。

（4）用黑光灯诱杀成虫。

（5）每亩用50千克苏云籽菌制剂或杀螟杆菌或虫菌500～700倍液喷雾。

（6）在幼虫1～3龄期间（百株有虫5～10头），选用90%晶体敌百虫700～1000倍液、2%西维因可湿性粉剂、20%杀灭菊酯乳油、2.5%溴氰菊酯乳油2000倍液喷雾。

25. 蓟马

成虫、若虫群集于嫩叶正面，锉吸汁液，破坏叶片组织，危害严重时，植株矮化、叶片向正面卷缩，呈花叶、白叶，皱卷成圆筒形，最后导致干缩、枯死。中药材半夏易发生此种虫害。

防治方法

（1）清除田间枯枝残叶，秋季翻耕土地。

（2）合理轮作倒茬。

（3）生长季节清除田间杂草。

（4）释放捕食性天敌胡瓜钝绥螨和东亚小花蝽。

26. 根螨类

危害植株的丝状根，使根容易脱落，叶片由外向内先后失绿、叶尖黄化、干枯、下垂。中药材半夏易发生此种虫害。

防治方法

（1）秋耕冬灌，破坏越冬场所。

（2）合理轮作倒茬。

（3）选择无病虫的田块。

（4）释放天敌尖狭下盾螨。

六、罗霄山区主要品种市场变化分析

（一）16个中药材品种动态分析

1. 白芷

白芷是中药材大品种之一，年需求量超过10 000多吨，白芷当前市场行情稳定，价格无明显变化，市场统货价在10元/千克左右。

2. 杜仲

杜仲近年来产地可供货源较丰富，价格连续处于低迷状态，目前由于新货上市量减少，行情较前期稍有上升。当前市场价格：板皮13～14元/千克，枝皮10元/千克左右。

3. 厚朴

厚朴货源走动正常，行情无明显波动，价格平稳。当前市场价格：板皮11元/千克左右，枝皮7元/千克左右。

4. 灵芝

灵芝是药食两用品种，年需求量大，但其产区多，货源库存充足，市场实际成交量不大，行情运行平稳。

5. 泽泻

泽泻为常用药材，迄今已有2000多年的应用历史，年需求量大，目前货源走动尚可，行情暂时保持稳定，市场统货价格在13元/千克左右。

6. 白及

白及因2018年价格跌幅太大，产地种植户在种植管理和销售积极性均不高，造成近期市场来货偏少，行情较前期略有小幅回升。市场统货价格在150元/千克左右。

7. 重楼

重楼因前两年产地行情涨价速度过快，并且幅度较高，导致销量受限，市场虽然价格坚挺，但货源销路不畅，现产地行情逐渐恢复平稳，野生重楼价格900元/千克左右，栽培重楼800多元/千克。

8. 何首乌

何首乌在我国分布广，产地可供货源有野生和家种，目前市场行情无明显变化，货源均为正常购销，野生价格在21元/千克左右，栽培价格在16～17元/千克。

9. 金银花

金银花目前市场行情稳步上升，价格也高于前期，后期走势受多个商家关注。

10. 半夏

半夏生长区域较广，我国多数地区均产，目前市场流通的半夏以旱半夏为正品，货源以家种为主。随着国家对中药材市场监管力度加大，伪品半夏（水半夏）会逐渐退出市场，半夏用量增加。近期半夏产地可供货源不多，行情将继续保持坚挺运行，价格在100元/千克以上。

11. 黄精

黄精属药食同源的中药材之一，在我国分布广泛，随着人们生活水平的提高，大家对滋补养生越来越重视，黄精的用途进一步扩大，需求量逐年增加。目前黄精产地货源走动保持良好，行情平稳运行，价格在65～70元/千克。

12. 覆盆子

覆盆子又称掌叶覆盆子，市场所需货源以种植为主，目前覆盆子产地待售货源充裕，市场走销迟缓，行情仍是低迷不前。

13. 夏天无

夏天无在中药材市场中为小三类品种，近几年来行情一直表现良好，目前价格继续保持坚挺，产地价格在60～70元/千克。

14. 广东紫珠

广东紫珠市场销量很少，目前种植户都是和药企合作，按需种植。全株鲜货收购价格在4元/千克左右。

15. 前胡

前胡有白花前胡（也叫信前胡）和紫花前胡两种，以白花前胡为正品，是江西道地药材之一，近期前胡产地货源丰裕，走动不快，行情暂稳，价格因质量原因相差很大，家种的20～30元/千克，野生的好货160元/千克以上。

16. 白花蛇舌草

白花蛇舌草为江西道地药材，市场以野生和家种货源供应，目前随着家种白花蛇舌草规范化种植，所生产的产品质量明显提高，其含量、品质逐渐被市场和药企认可。甚至因质优、无杂草泥土销量还好于野生货源。由于2018年白花蛇舌草产量较大，产地仍有货源尚未销出，现市场白花蛇舌草统货走销一般，行情略显疲软，质量好的货走动稍好。

（二）江西部分中药材近期动态分析

1. 车前子

车前子是江西主要道地药材之一，同时也是江西大品种药材之一，全国年需求量约4000吨左右，车前子在2014年高价后，近几年来产地行情一直平稳运行，产地可供货源以陈货为主，新货偏少，主要原因是种植户认为当前的价格不够理想，种植积极性不高，都是维持种植，等待市场行情好转时再大量发展。（表1，图1）

表1　2015年至2019年江西车前子每月价格表（单位：元/千克）

年＼月	1	2	3	4	5	6	7	8	9	10	11	12
2015	33.00	32.50	33.00	32.00	25.00	21.00	20.00	19.00	19.00	18.00	17.00	16.00
2016	16.00	16.00	16.00	18.00	18.00	21.00	20.00	20.00	20.00	20.00	20.00	20.00
2017	20.00	20.00	19.00	19.00	19.00	18.00	17.50	17.00	16.00	16.00	16.00	16.00
2018	16.50	17.50	17.50	17.50	17.00	17.00	16.50	16.50	16.50	16.50	17.00	17.00
2019	17.00	17.00	16.50	16.50	16.50	16.50	17.00					

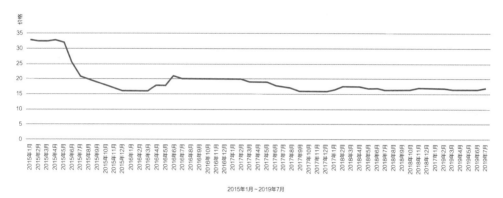

2015年1月～2019年7月

图1　2015年至2019年江西车前子价格走势图（单位：元/千克）

　　表1、图1是2015年至2019年车前子走势和每月平均价格，后市分析：车前子年需求量大，现经过几年的平稳运行后产地库存货源已慢慢用尽，根据目前产地市场情况综合来看，车前子后市行情应会逐渐向好。今后种植户如能按照规范化种植，种植产品可能会有一个好的回报。

2. 枳壳

　　枳壳是江西主要道地药材，也是我国传统中药材，市场需求量大，江西种植的商洲枳壳历史悠久，因品质好质量佳是外贸出口采购的指定产区，并且已经获得了国家地理标志产品。枳壳经过几年的高价，在2018年起行情就开始逐步下滑，产地从2015年的48元/千克下滑到现在的16元/千克。（表2，图2）

表2 2015年至2019年7月江西枳壳每月价格表（单位：元/千克）

年 \ 月	1	2	3	4	5	6	7	8	9	10	11	12
2015	40.00	44.00	44.00	48.00	46.00	46.00	47.00	36.00	35.00	34.00	34.00	40.00
2016	40.00	40.00	40.00	42.00	42.00	42.00	42.00	42.00	42.00	42.00	42.00	42.00
2017	42.00	42.00	42.00	42.00	42.00	42.00	40.00	40.00	36.00	36.00	36.00	32.00
2018	32.00	32.00	34.00	31.00	30.00	28.00	28.00	26.00	22.00	21.00	21.00	21.00
2019	21.00	21.00	16.00	16.00	16.00	16.00	16.00					

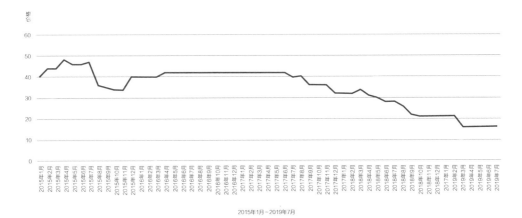

2015年1月 - 2019年7月

图2 2015年至2019年7月江西枳壳价格走势图（单位：元/千克）

现影响江西枳壳价格的因素主要是枳壳产区多，并因品质问题价格高低不等，使江西的正品枳壳受到拖累。后市分析：受种植和人工采摘的成本支撑，枳壳继续大的下滑概率不大，随着国家对中药材质量要求的提高，一些达不到含量要求的产品将退出市场，江西道地枳壳一定能够发挥它的应有价值。

3. 吴茱萸

吴茱萸是近年来江西道地药材中的热点品种，其价格由2012年的每千克20多元涨到2018年的每千克500多元，6年的时间价格上涨了20多倍，在中药材里一个小品种能取得这样的辉煌，真是令人刮目相看。江西种植的吴茱萸主要是中花吴茱萸，其品质好，质量优，价格明显高于同类其他品种。（表3，图3）

表3　2015年至2019年7月江西中花吴茱萸每月价格表（单位：元/千克）

月 年	1	2	3	4	5	6	7	8	9	10	11	12
2015	84.00	84.00	86.00	84.00	84.00	84.00	84.00	86.00	86.00	86.00	86.00	90.00
2016	90.00	90.00	110.0	115.0	115.0	120.0	150.0	220.0	250.0	260.0	260.0	250.0
2017	260.0	280.0	320.0	330.0	360.0	340.0	340.0	340.0	400.0	400.0	410.0	410.0
2018	440.0	440.0	450.0	480.0	500.0	500.0	480.0	300.0	270.0	320.0	350.0	350.0
2019	350.0	350.0	350.0	360.0	360.0	350.0	280.0					

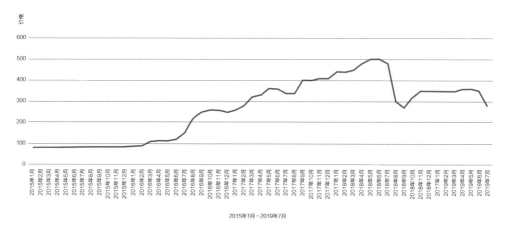

图3　2015年至2019年7月江西中花吴茱萸价格走势图（单位：元/千克）

从表3、图3可以看出，这几年吴茱萸的行情变化和今年开始产新后其价格的回调情况，如吴茱萸的价格能回归合理，则对其今后的发展有很大的促进作用。后市分析：吴茱萸当前的行情已激发了种植热情，一个年用量不大的药材品种是否会继续辉煌，值得大家思考。

七、促进中药材产业发展政策、法律和法规

（一）国家政策支持

近年来，我国先后出台了一系列促进中医药发展的政策、规划，其中有较多有关中药材种植的内容。

1. 《关于扶持和促进中医药事业发展的若干意见》[国发〔2009〕22号，2009年4月]

第六条"提升中药产业发展水平"中"促进中药资源可持续发展"就提出"结合农业结构调整，建设道地药材良种繁育体系和中药材种植规范化、规模化生产基地，开展技术培训和示范推广。"

2. 《中药材保护和发展规划（2015—2020年）》（2015年4月）

在"专栏2 中药材生产基地建设专项"提出：

（1）濒危稀缺中药材种植养殖基地建设。建设100种中药材野生抚育、野生变种植养殖基地。

（2）大宗优质中药材生产基地建设。重点建设中药基本药物、中药注射剂、创新中药、特色民族药等方面100种常用中药材规范化、规模化、产业化生产基地；结合国家林下经济示范基地建设、防沙治沙工程和天然林保护工程等，建设50种中药材生态基地。

（3）中药材良种繁育基地建设。选用优良品种，建设50种中药材种子种苗专业化、规模化繁育基地。

（4）中药材产区经济发展。培育150家具有符合《中药材生产质量管理规范（试行）》（GAP）种植基地的中药材产地初加工企业，培育50家中药材产地精深加工企业。

3. 《中医药发展战略规划纲要（2016—2030年）》（2016年2月）

在"三、重点任务"中"（五）全面提升中药产业发展水平"之"18. 推进中药材规范化种植养殖"提出：制定中药材主产区种植区域规划。制定国家道地药材目录，加强道地药材良种繁育基地和规范化种植养殖基地建设。促进中药材种植养殖业绿色发展，制定中药材种植养殖、采集、储藏技术标准，加强对中药材种植养殖的科学引导，大力发展中药材种植养殖专业合作社和合作联社，提高规模化、规范化水平。支持发展中药材生产保险。建立完善中药材原产地标记制度。实施贫困地区中药材产业推进行动，引导贫困户以多种方式参与中药材生产，推进精准扶贫。

4. 《"十三五"脱贫攻坚规划》（国发〔2016〕64号）（2016年12月）

《"十三五"脱贫攻坚规划》提出，支持中医药和民族医药事业发展，并首次将中药材种植列入国家精准扶贫范围。

5.《中药材产业扶贫行动计划》（2017年8月）

国家中医药管理局联合国务院扶贫办、工业和信息化部、农业部、中国农业发展银行等五部门，于2017年8月1日出台了《中药材产业扶贫行动计划》；提出了"通过引导百家药企在贫困地区建基地，发展百种大宗、道地药材种植、生产，带动农业转型升级，建立相对完善的中药材产业精准扶贫新模式。到2020年，贫困地区自我发展能力和脱贫造血功能持续增强，实现百万贫困户稳定增收脱贫"，并对重点任务进行了明确分工。

6.《全国道地药材生产基地建设规划（2018—2025年）》

2018年12月18日，农业农村部、国家药品监督管理局、国家中医药管理局联合印发《全国道地药材生产基地建设规划（2018—2025年）》，在"重要性和紧迫性"中指出"发展道地药材是助力农民增收脱贫的迫切需要"，并提出"全面建成小康社会，时间紧迫、任务艰巨，难点在农村，重点在老少边穷地区。道地药材生产大多分布在贫困山区，是当地的特色产业和农民增收的主导产业，对促进脱贫攻坚至关重要。加快发展道地药材，推动规模化、标准化、集约化种植，提升质量效益，带动农民增收，是确保2020年实现同步进入小康社会的重要举措。"

（二）省级相关政策支持

1. 江西省的政策

江西省委省政府将中医药产业列为强省战略。2016年4月江西省出台的《江西省中医药健康服务发展规划（2016—2020年）》，提出了"全省以道地中药材为主的中药材种植面积达到100万亩，10家中药制造企业进入国内领先行列"的发展目标。并在"重点任务"的"（七）促进中医药健康服务支撑产业发展"之"扶持中药材种植加工"项下提出：扩大中药材种植规模，把中药材种植业作为农村产业结构调整的重要方向，作为产业扶贫、精准扶贫的重要内容。大力推进赣产道地药材种养植基地建设，积极培育铁皮石斛等中药材大品种、大品牌。支持江西传统中药饮片规范化生产及中药提取物产业化，发挥中药材资源优势，以江西道地药材为重点，建设全国中药饮片生产和流通基地。加强中药资源特别是珍稀濒危道地药材的保护和利用，支持野生药材家种家养。

2. 湖南省的政策

2016年6月湖南省出台的《湖南省中药材保护和发展规划（2016—2025年）》，提出了"到2025年，培育9个全国市场认可的'湘九味'中药材品牌品种；制订50个以上特色中药材的规范化种植（养殖）标准操作规程；推广20个以上选育或改良的特色中药材品种；认定20个中药材种植基地示范县；推广10个以上畜牧兽医药用药材品种（包括新饲用植物）；建设1个国家级区域中药材技术服务平台、2个省级中药材栽培技术研究平台、1个省级中药材综合信息平台；建成1个年销售过100亿元的国家级中药材储备基地，构建中药材及饮片的溯源系统；培育100家年销售过1千万元的中药材种植合作社，5家年销售过1亿元的精深加工企业，实现不少于100万亩中药材规范化种植基地"的发展目标。

（三）各厅局的扶持政策

为了配合国家和省政府的相关政策，各厅局也相继出台了中药材产业发展的扶持政策和措施。

1. 2017年江西省农业厅出台了《2017—2018年江西省中药材种植以奖代补项目实施方案》，对枳壳、吴茱萸、栀子、车前子、泽泻、粉防己、覆盆子等32个重点品种，按照一年生中药材不高于200元/亩、多年生中药材新建基地不高于500元/亩进行补贴。2017年全省共安排中药材标准种植基地任务5.8万亩（一年生品种3万亩、多年生品种2.8万亩）。

2. 2019年2月，江西省现代农业发展领导小组印发《2019年全省农业结构调整九大产业发展工程项目实施指导意见》中，对新建集中连片100亩以上的一年生或多年生中药材基地进行补助，补助标准为一年生中药材每亩补助500元（其中省级财政补助200元）、多年生每亩补助1000元（其中省级财政补助500元）。补助的中药材品种达30余种。

参考文献

[1] 何运转，谢晓亮，刘延辉，等. 中草药主要病虫害原色图谱[M]. 北京：中国医药科技出版社，2019：1.

[2] 张水寒，谢景. 杜仲生产加工适宜技术[M]. 北京：中国医药科技出版社，2018：3.

[3] 张春椿，李石清. 前胡生产加工适宜技术[M]. 北京：中国医药科技出版社，2017：11.

[4] 杨维泽，杨绍兵. 黄精生产加工适宜技术[M]. 北京：中国医药科技出版社，2018：3.

[5] 周涛，肖承鸿. 半夏生产加工适宜技术[M]. 北京：中国医药科技出版社，2017：11.

[6] 陈宜平. 中国罗霄山脉昆虫区系特征及多样性初步研究（二）[N]. 上海：上海师范大学硕士学位论文，2016：5.

[7] 朱校奇，曹亮，彭斯文，等. 湖南省罗霄山区中药材产业发展调研与建议[J]. 湖南农业科学，2015，（9）：136−138.

[8] 肖宜安，何平，张长生，等. 江西井冈山自然保护区药用种子植物区系研究[J]. 广西植物，2004，24（6）：503−507.

[9] 曹岚，梁芳，姚振生. 井冈山野生珍稀濒危药用植物种类及保护[J]. 时珍国医国药，2000，11（2）：189−190.

[10] 朱淑华，温德华，赖仲蓉，等. 江西林药精准扶贫发展现状、存在问题和对策建议——以赣州9个贫困县区为例[J]. 林业经济问题，2018，38（1）：48−54.

各 论

广东紫珠

　　本品为马鞭草科植物广东紫珠*Callicarpa kwangtungensis* Chun的干燥茎枝和叶，系江西特色中药材。具有收敛止血、散瘀、清热解毒等功效，是江西开发的抗宫炎系列中成药产品主要原料，自《中国药典》2010年版开始收载。

一、植物特征

　　灌木，高约2米。幼枝略被星状毛，常带紫色，老枝黄灰色，无毛。叶片狭椭圆状披针形、披针形或线状披针形，长15～26厘米，宽3～5厘米，顶端渐尖，基部楔形，两面通常无毛，背面密生显著的细小黄色腺点，侧脉12～15对，边缘上半部有细齿；叶柄长5～8毫米。聚伞花序宽2～3厘米，3～4次分歧，具稀疏的星状毛，花序梗长5～8毫米，花萼在花时稍有星状毛，结果时可无毛，萼齿钝三角形，花冠白色或带紫红色，长约4毫米，可稍有星状毛；花丝约与花冠等长或稍短，花药长椭圆形，药室孔裂；子房无毛，而有黄色腺点。果实球形，径约3毫米。花期6～7月，果期8～10月。（图1，图2）

图1　广东紫珠植株

图2　广东紫珠花果

二、资源分布概况

广东紫珠分布于江西、浙江、福建、湖南、湖北、贵州、云南、广东和广西等地，主要栽培在江西萍乡、宜春等地。

三、生长习性

广东紫珠适宜温暖湿润气候，适应温度-10℃以上，生长的温度范围12～35℃，最适温度25～28℃。生于海拔300～600（～1600）米的山坡林中或灌丛中。喜光，属中性喜阳植物，好肥、喜湿润。在江西一般土壤环境均可种植广东紫珠，而以土壤湿润、疏松、肥沃、排水良好的沙质土壤中生长最好。

广东紫珠一般在3月开始展叶，5月下旬开始花芽萌发，花期较长，从6月上旬到10月上旬边开花边结果。一年有两次新梢，为春梢和秋梢，10月下旬开始落叶。

四、栽培技术

（一）繁殖技术

种子繁殖或扦插繁殖。宜选背风向阳、近水源且排灌方便的东坡或东南坡旱地或农田作育苗圃，亩施腐熟有机肥料约2000千克，或45%三元素复合肥（N∶P∶K=15∶15∶15）100千克作基肥，整好苗床。

1. 播种育苗

2月至3月上旬，在温棚整好苗床按行距20～25厘米开深约3厘米的浅沟，将种子均匀撒入沟内，覆细土1～2厘米，再盖草。每亩播种量1.0～1.5千克。出苗后及时揭去盖草，保持土壤湿润，并分次间苗，最后按株距约8厘米定苗。

2. 扦插繁殖

2～3月，在准备好育苗苗床的床面上盖一层7∶3比例的细砂和黄土，应使插床土壤湿润，然后覆盖黑色地膜。

选1～3年生健壮母树的木质化枝条，取基部至中部截成长12～15厘米（2～3个节）的小段作插穗。用万分之五的生根粉溶液浸泡插穗基部约20秒钟。

然后按株行距约8厘米插于苗床中，若较紧宜先用小竹筷之类在苗床垂直插出小洞，然后将穗条插入，插条入土深近2/3，仅留一个节在地上。插后苗床保持湿润。

3. 苗期田间管理

经常性中耕除草，控制田间杂草。适时适量浇水或灌水，保持苗床湿润；雨季注意清沟排水，不得有渍水。施肥次数和用量应看苗施肥，氮肥为主，磷钾肥为辅，出苗至9月之前可追肥3～4次。

（二）选地栽植

1. 选地整地

一般农田、旱地或山坡，以及林间空地均可种植，以湿润、疏松、肥沃、排水良好的沙质土壤为宜。栽植地须全垦整地，平地做成垄，山地做成种植条带。移栽前先开深宽20～30厘米的种植沟或穴，种植株行距，在比较肥沃土壤条件如农田和下坡位良好的旱地宜30厘米×40厘米，在一般较瘠薄旱地、新开垦土地宜20厘米×30厘米或30厘米×30厘米。

每种植穴施约15克钙镁磷肥或25克复合肥，并与土拌匀。

2. 栽植

12月份至次年3月份萌芽前进行移栽。宜选择雨前、阴天、细雨等天气移栽。

宜选1年生苗,要求根系发达,健壮无病虫害,苗高达30厘米以上,地径0.3厘米以上。

随栽随起随运。在栽植前切断过长主根,干枝留约10厘米剪断(剪下的枝干可制作成插穗育苗或直插栽培)。

每穴栽1株。栽正、舒根、踏实,栽植深度宜略高于苗木出圃土痕。

(三)田间管理

1. 园区管理

定植后每年春、夏季注意除草。

根据植株生长发育具体情况追肥,4月以氮肥为主追施一次农家肥或化肥,如雨前或小雨时每亩撒施尿素约10千克。5~6月用0.2%磷酸二氢钾加0.5%尿素喷施叶面,应选阴天或者晴天傍晚喷肥。7月下旬至8月下旬穴施或沟施氮磷钾复合肥一次,用量约每亩50千克。

2. 采后管理

在采收后结合冬季垦复除草,靠近种植行旁深耕开沟施肥并培土1次,以有机肥料(堆肥、厩肥)为主,每亩施农家有机肥1000千克,钙镁磷肥25千克。广东紫珠种植基地见图3。

图3 广东紫珠种植基地

五、采收加工

1. 采收

每年10月前后在落叶前采收，离地面约10厘米割取广东紫珠地上部分。收割的鲜货加工前应注意不能堆积过厚，注意防霉防腐，以免影响质量。

2. 加工

采回的鲜药材即可供加工生产药材浸膏。或将鲜药材晾干，切段，使用编织袋包装或用包装机打成标准包贮存。

六、药典标准

1. 性状

本品茎呈圆柱形，分枝少，长10～20厘米，直径0.2～1.5厘米；表面灰绿色或灰褐色，有的具灰白色花斑，有细纵皱纹及多数长椭圆形稍突起的黄白色皮孔；嫩枝可见对生的类三角形叶柄痕，腋芽明显。质硬，切面皮部呈纤维状，中部具较大类白色髓。叶片多已脱落或皱缩、破碎，完整者呈狭椭圆状披针形，顶端渐尖，基部楔形，边缘具锯齿，下表面有黄色腺点；叶柄长0.5～1.2厘米。气微，味微苦涩。(图4)

图4 广东紫珠药材

2. 鉴别

　　显微鉴别　本品粉末淡绿色至淡棕色。非腺毛为多细胞组成的层叠式及3～6细胞平面着生的星状毛，或1～3细胞组成的锥形叉状毛。腺鳞由多细胞组成。腺毛头部多细胞，类圆球形，柄单细胞，稍长。纤维狭长梭形或长条形，直径6～30微米，单一或成束，有的有壁孔，或周围有含方晶的薄壁细胞。

3. 检查

　　（1）水分　不得过12.0%。
　　（2）总灰分　不得过6.0%。

4. 浸出物

　　按水溶性浸出物测定法项下的热浸法测定，不得少于5.0%。

七、仓储运输

1. 仓储

　　药材仓储要求符合NY/T1056—2006《绿色食品 贮藏运输准则》的规定。仓库应具有防虫、防鼠、防鸟的功能；要定期清理、消毒和通风换气，保持洁净卫生；不应与非绿色食品混放；不应和有毒、有害、有异味、易污染物品同库存放；在保管期间如果出现水分超过14%、包装袋打开、没有及时封口、包装物破碎等，导致药材吸收空气中的水分，发生返潮、结块、褐变、生虫等现象，必须采取相应的处理措施。

2. 运输

　　运输车辆的卫生合格，温度在16～20℃，湿度不高于30%，具备防暑、防晒、防雨、防潮、防火等设备，符合装卸要求；进行批量运输时不应与其他有毒、有害、易串味物质混装。

八、药用价值

　　收敛止血，散瘀，清热解毒。用于衄血，咯血，吐血，便血，崩漏，外伤出血，肺热咳嗽，咽喉肿痛，热毒疮疡，水火烫伤。临床常用剂量9～15克。外用适量，研粉敷患处。

湖南一带的人们，常用叶和嫩茎止血和治疗偏头风，多用叶治疗跌打肿痛、痈疽丹毒。

以广东紫珠为主制成的抗宫炎片（颗粒、胶囊），对宫颈炎、慢性盆腔炎、宫颈糜烂等妇科炎症具有较好疗效。

参考文献

[1] 刘江华，熊美珍，邹晓祥，等. 广东紫珠播种育苗试验[J]. 江西林业科技，2007（3）：16.

[2] 谢宜飞，王世金，谢采多，等. 广东紫珠种子发芽特性研究[J]. 江西林业科技，2013（3）：5.

[3] 欧阳贵明，杨笑萍，喻晓林，等. 广东紫珠的栽培技术[J]. 中药材，1991，14（3）：12.

[4] 孙晖，王梁爽. 玉清抗宫炎片治疗慢性盆腔炎162例[J]. 国医论坛，2004，19（2）：32.

[5] 叶薇薇，周玲. 微波照射加口服抗宫炎片治疗宫颈糜烂疗效观察[J]. 福建医药杂志，2005，27（5）：140.

che qian zi
车前子

本品为车前科植物车前*Plantago asiatica* L. 和平车前*Plantago depressa* Willd. 的干燥成熟种子。江西栽培车前子的原植物为车前*Plantago asiatica* L.，以下重点介绍车前的相关种植技术。

一、植物特征

车前

多年生草本，野生连花茎高15～60厘米，栽培可达80～100厘米。须根。基生叶直立式开展，叶柄几乎与叶片等长，基部扩大，叶片卵形，宽卵形，长4～12厘米，宽4～9厘米，顶端圆钝，边缘近全缘、波状或有疏齿至浅裂、弯缺，两面无毛或有短柔毛，常有5或7条明显的近于平行的弧形主脉。穗状花序为花茎的1/3～1/2处，花疏生，绿白色，每花有一个三角形宿存的苞片，较萼裂片短，花萼4，基部稍合生，具短柄，裂片倒卵椭圆形至圆形，长2～2.5毫米，花冠管卵形，先端4裂，花冠裂片披针形，长1毫米，向外反卷，雄蕊4与花冠裂片互生，花药长圆形，2室，先端有三角形突出物，花丝线形，子房上位，椭圆形花柱1，线形有毛。果卵状圆锥形，长约3毫米，周裂。种子细小，近椭圆形，通常5～6粒，边缘较薄，长1.05～2.2毫米，宽0.65～1.2毫米，表面黑褐色或黑棕色，有光泽略粗糙不平，放大镜下可见背面微隆起，腹面略平坦，中央或一端有灰白色（或黑色）凹陷的点状种脐，俗称"凤眼"，切面可见乳白色的胚乳及胚。花期4～5月，果期5～6月。（图1，图2）

图1　车前植株

图2 车前果穗

二、资源分布概况

车前主要分布在我国江西、黑龙江、吉林、辽宁、河北、山西、陕西、甘肃、新疆、山东、江苏、安徽、浙江、台湾、河南、湖北、湖南、四川、云南、西藏等省区；生于海拔3~3000（4500）米草地、河滩、沟边、草甸、田间及路旁。车前的主要栽培产区有江西、四川、黑龙江等地，其中以江西为主产区，其产量约占全国的70%。江西种植车前主要集中在泰和县、吉安县、青原区、吉水县、新干县、樟树市、修水县、兴国县、遂川县等地。其中以泰和县和新干县为代表性主产区。

三、生长习性

车前适应性强，在温暖、潮湿、向阳、砂质壤土上生长良好。车前为须根系，根多，吸水肥能力强，因此也耐旱、耐瘠。车前在农田和旱地均可种植。

车前为秋季播种育苗栽植，次年初夏收获。秋分至寒露播种育苗，小雪前后移栽，次年3~4月为生长盛期，4~5月持续抽穗，5月上中旬果实逐渐成熟。20~24℃种子发芽较快，5~28℃茎叶正常生长，气温超过32℃，地上的幼嫩部分首先凋萎枯死，接着叶片逐渐枯萎。苗期喜潮湿，耐涝，进入抽穗期受涝渍易发病枯死。适宜在肥沃的砂质壤土种植。

四、栽培技术

（一）选地与整地

1. 育苗圃与栽培地的选择

选择日光充足、地势平坦、土壤肥沃、湿润疏松、无污染的田块或旱地，可利用冬闲田、一季稻田、旱耕地等，最适宜选择沿江岸边富含腐殖质的冲积砂质壤土。车前应轮作，上一年种植过车前的地块不宜再使用。

2. 育苗和栽培地准备

将土地深翻15～20厘米，三犁三耙，整细耙平作畦，育苗畦宽1.0米内，移栽畦宽1～1.2米，畦高15～20厘米，长度以利于排水为宜。作畦要求做到"肥、平、细、实、润"五个字，即施足基肥，畦面要平，土要耙细，耙后落实，土壤湿润。基肥主要采用充分腐熟的猪粪、牛栏粪等农家有机肥料，在翻耕土壤时施入，每亩用量：农家肥料2000千克，复合肥料25千克，磷肥25千克。不得使用城市生活垃圾等含有污染物的肥料。整地后还要进行土壤消毒，在播种或移栽前的10～15天，用硫酸亚铁、福尔马林（甲醛）等土壤消毒剂处理。用甲醛对土壤灭菌消毒方法：用稀释30倍的工业甲醛（约1%浓度）进行地面泼浇，每平方米需药液10～15千克。浇药后盖上塑料薄膜闷熏，1周后揭膜，让甲醛气体充分散失。同时需淋水冲浇，淋洗分几次进行，淋水晒土1周后，才能进行播种或定植。

（二）繁殖技术

采用种子繁育技术。

1. 采种留种技术

5月上、中旬车前子成熟期，从生长发育良好的车前田地中，选择生长健壮、无病虫害、种子种脐（"凤眼"）明显的优势植株，剪取充分成熟、穗长并且种子饱满的种穗，晾晒（不得暴晒）或阴干使种子脱粒，然后剔除空粒、瘪粒及杂质。选择质坚、粒大饱满、光滑且黑褐色无杂质者作为种子。充分晾干后，种子储存于密封的玻璃瓶或者聚乙烯塑料袋，容器内种子量不超过2/3。

2. 播种育苗方法

（1）播种育苗时间　秋分至寒露时节播种，即9月下旬至10月上旬为适宜播种期。

（2）播前种子消毒处理　采用70%甲基托布津粉剂（或者50%多菌灵粉剂等）拌种，方法为：按每千克车前种子加2克70%甲基托布津，拌匀后置编织袋中封口闷24小时。

（3）育苗播种量　每亩0.5～1千克。

（4）播种方式　撒播或条播，晴天，将处理好的种子拌草木灰和细沙，均匀撒播在苗床表面，然后撒一层薄薄的草木灰。

3. 育苗管理

（1）出苗前管理　下种2～3天后浇水一次，以后每3～5天浇水一次，保持土壤湿润，促进发芽。

（2）苗期管理　苗期约50天，期间分3～5次施尿素、磷酸二氢钾等液肥，浓度0.2%左右的淡肥。车前早期生长慢，应及时拔除杂草，防止被杂草抑制生长。若车前苗过密，应尽早间苗，使车前苗健壮生长。

（三）移栽

1. 移栽时间

小雪前后移栽，迟可至大雪时节移栽，即11月中旬至12月上旬为适宜移栽期。

2. 起苗

选择阴天或者晴天的傍晚，最好是将转雨天之前移栽。起苗时如果苗床过于干燥，应先浇水湿润。

3. 移栽苗处理

移栽车前幼苗要求要达到高6～12厘米、有5～6片叶。起苗后立即用浓度为15～20毫克/千克生根粉和多菌灵混合溶液沾根5～10秒钟。

4. 移栽行距

宜25厘米×（30～35）厘米×45厘米的株行距范围，较肥沃土壤和水田宜偏稀，较瘠薄土壤和旱地宜偏密。

5. 移栽方法

随起苗随移栽，穴植，栽植深度为略高于原苗入土深度。晴天栽后应浇水，可掺少量腐熟的畜粪尿。

（四）田间管理

1. 缓苗期管理

于移栽后约7天左右缓苗期，视天气情况适当浇水，如有死亡植株及时补栽。

2. 除草

返青后根据杂草生长情况适时除草。前期车前苗小，行间可用锄中耕，后期车前苗大，以小工具或者人工除草为宜。在车前抽穗封垄后不得中耕松土。视杂草和车前生长情况，整个生长期除草2～3次。

3. 施肥

车前生长期一般中耕施肥3次，施肥时间分别为：小寒至大寒，立春至雨水，惊蛰至春分。每次追肥应选择晴天，先中耕除草，后施肥。前期苗肥以氮肥为主，后期增施磷钾肥，并在中耕时结合上行，防止植株倒伏。车前喜肥，肥多则叶多穗长。但在基肥充足和易感病老产区，尤其种植密的田地，应适当控肥，少施粪尿肥，控制过旺生长。在车前种植过程中，可推广使用沼气肥料。据报道，使用沼气液肥的车前地块，与未使用沼气肥的比较，病害发生较少，车前生长发育较好。（图3）

图3　车前种植基地

4. 应用绿色植物生长调节剂

经试验，在栽植时用6号生根粉20毫克/千克溶液沾根和在车前生长将进入盛期时（3月份）用8毫克/千克溶液喷施叶面，能够显著促进车前根系生长，对车前苗的生长发育有明显促进，能够显著促进车前抽穗结籽，提高车前子的产量，增产率达到24.0%～32.8%。

五、采收加工

5月上、中旬，车前子陆续成熟。当种穗呈黄色带点儿紫黑色时采收，应做到边成熟边采收。晴天上午，用镰刀或剪刀采割成熟果穗，置室内堆放2天左右，堆放时间不宜过长，否则会使车前子结硬块，降低质量。然后置于篾垫上，放在太阳下暴晒2天，待干燥后用手揉搓，脱粒后再晒干，除去穗秆等杂物，用筛将种子筛出，再用风车去壳。

车前子质量以质坚、籽粒饱满、粒大、色黑、光滑、无杂质为佳。

六、药典标准

1. 性状

本品呈椭圆形、不规则长圆形或三角状长圆形，略扁，长约2毫米，宽约1毫米。表面黄棕色至黑褐色，有细皱纹，一面有灰白色凹点状种脐。质硬。气微，味淡。（图4）

图4　车前子药材

2. 鉴别

显微鉴别　本品粉末深黄棕色。种皮外表皮细胞断面观类方形或略切向延长，细胞壁黏液质化。种皮内表皮细胞表面观类长方形，直径5～19微米，长约至83微米，壁薄，微波状，常作镶嵌状排列。内胚乳细胞壁甚厚，充满细小糊粉粒。

3. 检查

（1）水分　不得过12.0%。

（2）总灰分　不得过6.0%。

（3）酸不溶性灰分　不得过2.0%。

七、仓储运输

1. 包装

在包装前应再次检查车前子药材是否已充分干燥，并清除劣质品及异物。包装要牢固、防潮。可使用编织袋或者根据出口或购货商的要求而定。在每件药材包装上，标明品名、规格、产地、批号、重量、生产与包装日期、生产单位，并附有质量合格的标志。每件30～50千克为宜。

2. 储藏

干燥后的车前子如不马上出售，应置于室内干燥的地方贮藏，应有防潮、防鼠设施，商品安全水分含量为10%～12%。

贮藏期间应保持环境清洁，及时晾晒或翻垛通风，防止受潮结块。有条件的地方可进行密封抽氧充氮养护。

3. 运输

不得与其他有毒、有害物质混装。运输工具或容器应具有较好的通气性，并保持干燥、清洁、无污染，应有防潮设施，应尽可能缩短运输时间。

八、药材规格等级

江西产的车前子在市场上习称大车前，市场分为"选货"和"统货"两个等级。

1. 选货

呈椭圆形、不规则长圆形或三角状长圆形，略扁，长大于1.2毫米，宽大于0.6毫米，具有明显灰白色凹点状种脐，色泽光亮，常一至二边有截样。表面黄棕色至黑褐色，有细皱纹。质硬。无变色、虫蛀、霉变和走油，杂质不得过3%。

2. 统货

呈椭圆形、不规则长圆形或三角状长圆形，略扁。具有明显灰白色凹点状种脐，色泽光亮，常一至二边有截样。表面黄棕色至黑褐色，有细皱纹。大小混装、未分选。无变色、虫蛀、霉变和走油，杂质不得过3%。

九、药用和食用价值

（一）药用价值

清热利尿通淋，渗湿止泻，明目，祛痰。用于热淋涩痛，水肿胀满，暑湿泄泻，目赤肿痛，痰热咳嗽。常用量为9～15克，包煎。

（二）食用价值

1. 车前嫩叶的食用价值

车前幼苗嫩叶可食。用沸水焯后，既可凉拌、蘸酱，又可包馅、做汤等，味道鲜美，营养丰富。车前叶是家畜的好饲料，既可生食又可发酵后用，也可秋制青叶晒干制成草粉，饲喂鸡、兔等。

（1）车前炖猪小肚

制法：鲜车前草用水洗净备用，将200克洗净的猪膀胱放到沸水锅中煮熟捞出，切块后与车前、盐、味精、胡椒粉、葱姜、料酒、肉汤等一同入锅，炖烂后即成。

功效：具有清热利湿，利尿通淋的作用，可治疗膀胱炎、尿道炎等疾病。

（2）车前汤

制法：车前叶用水洗净备用，锅热后放入豆油、葱花、花椒、精盐、姜丝等煸炒几下，加500毫升水，放入车前叶，炒开后放入味精、香菜，即可。

功效：具有清热、利尿、消炎的作用。

（3）绿茶车前草汤

制法：100～150克鲜车前草，加水500毫升，煮沸5分钟，加入绿茶0.5～1克，分3次饮用。

功效：具有清热解毒、消炎、止血、止泻之功能，可治疗尿血、腹泻、胃炎、前列腺炎等疾病。

2. 车前子的食用价值

（1）薏苡仁、车前子煎汤或煮粥食用，可促进尿酸排泄。

（2）车前子20克、红小豆100克、糯米50克，或车前子15克、大米50克，煮粥，经常食用可祛痰止咳。

（3）车前子豆汤

原料：绿豆50克，黑豆50克，车前子15克，蜂蜜1匙。

功效：用于小便异常、尿痛尿急、腰痛等症。

（4）茯苓车前子粥

原料：茯苓粉、车前子各30克，粳米60克，白糖适量。

功效：具有利水渗湿、清热健脾的功效。

（5）车前子茶

制法：车前子10克，洗净放入保温杯中，沸水冲泡15分钟，当茶饮。

功效：具有利水降压，祛痰止咳的功效。

参考文献

[1] 张寿文. 江西道地药材车前规范化栽培技术（GAP）及其优质高产的生理特性研究[D]. 北京：北京中医药大学，2004.

[2] 姚闽，王勇庆，白吉庆，等. 车前草与车前子应用历史沿革考证及资源调查[J]. 中医药导报，2016，22（17）：36–39.

[3] 王凯. 药用植物车前草开发利用及规范化栽培技术[J]. 现代农业，2014（10）：4–5.

白及

本品为兰科植物白及 *Bletilla striata*（Thunb.）Reichb. f. 的干燥块茎。

一、植物特征

多年生草本，高20～50厘米。假鳞茎扁平，卵形，有时为不规则圆筒形，直径约1厘米，有线状须根。叶阔披针形至长圆状披针形，长15～40厘米，宽2.5～5.0厘米，全缘，向上端渐狭窄，基部有管状鞘，环抱茎上。总状花序顶生，有花4～10朵，长4～12厘米，花序轴蜿蜒状；苞片长圆状披针形，长1.50～2.50厘米，早落；花玫瑰紫色，直径3～4厘米，萼片长圆状披针形，长约2.50厘米，花瓣长圆状披针形，长约2.50厘米，唇瓣倒卵形，内面有纵线5条，上部3裂，中间裂片长圆形，边缘波纹状；雄蕊与花柱合成一蕊柱，和唇瓣对生，花粉块长圆形。蒴果，圆柱状，长约3.50厘米，直径约1厘米，有纵棱6条；种子微小，多数。花期4～6月，果期7～9月。（图1，图2）

图1　白及植株

图2　白及花

二、资源分布概况

白及分布于陕西南部、甘肃东南部、江苏、安徽、浙江、江西、福建、湖北、湖南、广东、广西、四川和贵州等地。在北京和天津有栽培。

三、生长习性

生于海拔100～3200米的常绿阔叶林下，栋树林或针叶林下、路边草丛或岩石缝中。

白及为多年生草本，秋季采挖野生鳞茎移栽，来年3～4月展叶，4～6月开花，8月后蒴果开始逐渐成熟，9月底蒴果开始掉落。11月中、下旬部分叶片开始发黄枯死，但不全倒苗。

四、栽培技术

（一）选地与整地

采用四层覆盖方法栽培白及，选择排水良好的地块种植较好。对土质的要求不是很严格，稍带砂性的壤土或砂性较强而肥力低的红壤土均可种植。种植前翻耕土壤，深度20～25厘米，理成高墒，墒面宽90厘米，沟宽30厘米，墒高25～30厘米。

（二）播种

9～10月播种，选择带老秆的新生块茎作为种栽，播种前将种栽用50%多菌灵可湿性粉剂1000倍液浸种30分钟，放置阴凉处晾干表面水分即可播种。每墒种植3行，株距20厘米，采用塘播，塘深5厘米左右，每塘种植3个块茎，三角形种植，摆放块茎时使芽的方向朝着塘外方。

（三）覆盖

摆好块茎后，先在块茎上方盖菇料2厘米左右。再在菇料上方盖0.5厘米左右的薄土层，使塘面与墒面平，不留塘印。于墒面盖落叶、稻草或松针等覆盖物，厚度2～3厘米，浇透水。

（四）田间管理

1. 水分管理

白及块茎自身含有较高的水分，并且保水性较强。通常情况下，白及块茎中含有的水分可以保障芽顺利越冬。因此在种植时浇足水分后可以不再浇水，特别干旱的年份在越冬期间可以浇水1～2次。3月中、下旬，当气温回升到15℃左右时，白及开始陆续出苗，此期间是白及需水的临界期，需及时浇水供给芽萌发。5～6月，白及地上部分快速生长，需供给充足的水分，当土面发白时需及时浇水。7～8月，雨季比较集中，要做好排水工作，避免土壤水分含量高，诱发根腐病、茎腐病。

2. 施肥

白及属喜肥植物，对肥料的需求量大。冬季可结合培土施入有机肥或直接施用土杂肥覆盖墒面，有机肥用量15～30吨/公顷。由于白及根入土浅、根毛不发达，吸肥能力差，5～6月当地上部分集中生长时以叶面施肥为主，每隔15天可用0.2%尿素和0.1%磷酸二氢钾混合液喷施叶面，选择晴天喷肥，喷雾位置以叶被为主。7～8月是地下块茎快速生长期，施肥以复合肥为主，采用穴施，用量75～150千克/公顷。

3. 除草

白及墒面上覆盖落叶、稻草或松针等覆盖物后，可有效防止杂草生长，减少杂草数量，生长期中也会有少量杂草长出覆盖物表面，可人工拔除杂草。人工拔除杂草时按住杂草根际周围的土壤再拔除，防止拔草过程中将白及块茎带出土面。以阔叶型杂草为主的地块也可采用化学除草剂20%使它隆乳油进行化学除草，一般在杂草2～5叶期施药防治效果较好，用量60毫升/公顷。

4. 冬季覆盖

白及于10月左右陆续倒苗，可在墒面上撒施有机肥15～30吨/公顷，立即培土1厘米左右或撒施土杂肥。再用稻草或落叶覆盖墒面以保温、保湿。

白及种植基地见图3。

图3 白及种植基地

五、采收与加工

1. 采收

种植3～4年后，于9～10月地上茎枯萎时采挖。白及块茎数个相连，采挖时用尖锄离植株30厘米处逐步向茎秆处挖取，摘去须根，剪除地上茎叶，抖掉泥土，运回加工。

2. 初加工

将块茎分成独块茎，洗去泥土，剥去粗皮，置开水中煮或烫至内无白心时，取出冷却，晒干或烘干，放入撞笼里，撞去未尽粗皮与须根，使其表面光滑、洁白，筛去灰渣即可。也可趁鲜切片，干燥即可。

六、药典标准

1. 性状

本品呈不规则扁圆形，多有2～3个爪状分枝，少数具4～5个爪状分枝，长1.5～6厘米，厚0.5～3厘米。表面灰白色至灰棕色，或黄白色，有数圈同心环节和棕色点状须根

痕，上面有突起的茎痕，下面有连接另一块茎的痕迹。质坚硬，不易折断，断面类白色，角质样。气微，味苦，嚼之有黏性。（图4）

图4　白及药材

2. 鉴别

显微鉴别　本品粉末淡黄白色。表皮细胞表面观垂周壁波状弯曲，略增厚，木化，孔沟明显。草酸钙针晶束存在于大的类圆形黏液细胞中，或随处散在，针晶长18～88微米。纤维成束，直径11～30微米，壁木化，具人字形或椭圆形纹孔；含硅质块细胞小，位于纤维周围，排列纵行。梯纹导管、具缘纹孔导管及螺纹导管直径10～32微米。糊化淀粉粒团块无色。

3. 检查

（1）水分　不得过15.0%。

（2）总灰分　不得过5.0%。

（3）二氧化硫残留量　不得过400毫克/千克。

七、仓储运输

1. 仓储

储藏仓库应通风、阴凉、避光、干燥，温度不超过20℃，相对湿度不高于65%。要有防鼠、防虫措施，地面要整洁。存放的条件，符合《药品经营质量管理规范》（GSP）要求。

2. 运输

车辆的装载条件符合中药材运输要求，卫生合格，并具备防暑、防晒、防雨、防潮、防火等设备。进行批量运输时应不与其他有毒、有害、易串味物质混装。

八、药材规格等级

市场上白及共分为三个规格等级，具体分级标准如下。

1. 选货

一等　本品呈不规则扁圆形，多有2～3个爪状分枝，长1.5～5厘米，厚0.5～1.5厘米。表面灰白色或黄白色，有数圈同心环节和棕色须根痕，上面有突起的茎痕，下面有连续另一块的痕迹。质坚硬，不易折断。断面类白色，角质样。气微，味苦，嚼之有黏性。每千克≤200个。无须根、无霉变，杂质不得过3%。

二等　每千克＞200个。其余同一等。

2. 统货

本品呈不规则扁圆形，多有2～3个爪状分枝，长1.5～5厘米，厚0.5～1.5厘米。不分大小。表面灰白色或黄白色，有数圈同心环节和棕色须根痕，上面有突起的茎痕，下面有连续另一块的痕迹。质坚硬，不易折断。断面类白色，角质样。气微，味苦，嚼之有黏性。无须根、无霉变，杂质不得过3%。

九、药用和食用价值

（一）药用价值

1. 功效主治

补肺，止血，消肿，生肌，敛疮。治肺伤咯血，衄血，金疮出血，痈疽肿毒，溃疡疼痛，汤火灼伤，手足皲裂。

2. 临床应用

白及治百日咳　白及、川贝散（白及、款冬花、川贝各等份），1岁以下百日咳患儿，每次服1克，每日3次。

白及治心气疼痛　用白及、石榴皮各6克，研细，加炼蜜和成丸子，如黄豆大。每服三丸，艾醋汤送下。

白及治鼻衄　取白及末，过100目筛备用。血衄患者在全身药物治疗的同时，用白及末散布于凡士林纱布或纱球表面，填塞鼻腔出血侧，每次4～5克，填塞物保留72小时。

白及治妇女阴脱　用白及、川乌药等份为末，薄布包3克，纳入阴道中，每天用一次。

白及治肺、胃出血　每日服白及末，米汤送下。

白及治疗疮、肿疮　用白及末1.5克，置澄水中，等水清后，去水，以药摊厚纸上贴于患处。

白及治重伤呕血　每日服白及末，米汤送下。

白及治跌打骨折　用白及末3克，酒调服。

白及治刀伤　用白及、煅石膏，等份为末，洒伤口上。

白及治烫伤　用白及粉调油涂搽。

（二）食疗和保健价值

1. 白及粥

材料：白及粉15克，糯米100克，大枣5枚，蜂蜜25克。

制法：用糯米、大枣、蜂蜜加水煮，至粥将熟时，将白及粉加入粥中，改文火稍煮片刻，待粥汤黏稠即可。

用法：每日2次，温热服食。10天为一疗程。

功效：补肺止血，养胃生肌。适用于肺胃出血、胃及十二指肠溃疡出血等。

2. 白及枇杷丸

材料：白及50克、枇杷叶15克（去毛，蜜炙）、藕节15克。

制法：上为细末，另以阿胶15克锉如豆大，蛤粉（炒成珠）、生地黄自然汁调之，火上炖化，入前药为丸，如龙眼大。

用法：每服1丸，嚼化。

主治：咯血。

3. 白及炖猪肺

材料：白及15克，姜10克，料酒15克，味精3克，猪肺1具，葱15克，盐4克。

制法：将白及洗净，润透，切薄片；猪肺用盐和清水反复冲洗，再用沸水汆去血水，切2厘米宽、4厘米长的块；姜拍松，葱切段。

将白及、猪肺、姜、葱、料酒同放炖锅内，加水3000毫升，置武火上烧沸，再用文火炖煮45分钟，加入盐、味精即成。

猪肺也可用羊肺代替。

功效：润肺止咳。

参考文献

[1] 任风鸣，刘艳，李滢，等. 白及属药用植物的资源分布及繁育[J]. 中草药，2016，47（24）：4478–4487.

[2] 王文华，张邦喜，秦松，等. 贵州白及生长适宜区产地环境质量评价[J]. 贵州农业科学，2014，42（04）：207–210.

[3] 周涛，江维克，李玲，等. 贵州野生白及资源调查和市场利用评价[J]. 贵阳中医学院学报，2010，32（06）：28–30.

白芷

bai zhi

本品为伞形科植物白芷*Angelica dahurica*（Fisch. ex Hoffm.）Benth. et Hook. f. 或杭白

芷*Angelica dahurica*（Fisch. ex Hoffm.）Benth. et Hook. f. var. *formosana*（Boiss.）Shan et Yuan的干燥根。

一、植物特征

白芷

株高2～2.5米。根垂直生长，粗大，实心，长圆锥形，外皮黄棕色，侧根粗长略成纵行排列，基部有横梭状木栓突起围绕，突起不高，有时窄条形，有香气。茎高大粗壮，圆柱形，中空，常带紫色，有纵沟纹。茎生叶互生，有长柄，叶柄基部扩大成半圆形叶鞘，叶鞘无毛，抱茎，亦带紫色，为2至3回羽状复叶，边缘有锯齿，小叶片披针形至长圆形，基部下延呈翅状，茎上部叶无柄仅有叶鞘。夏季开白色小花，排列成复伞形花序，伞幅22～38，总苞1～2片，膨大呈鞘状，小总苞片通常比花梗长或等长，小花10余朵，花瓣倒卵形，白色，先端内凹。双悬果扁平长广椭圆形，黄褐色，有时带紫色，幼时稍被毛，老则毛渐脱，变无毛；分果具5棱，侧棱有宽翅。花期6～7月，果期7～9月。（图1，图2）

图1　白芷植株

图2　白芷花

二、资源分布概况

白芷主要分布于东北及华北地区。另外，白芷的变种杭白芷、川白芷在杭州、四川等地栽培，江西抚州等地近年种植白芷也非常成功。目前多省有栽培。

三、生长习性

白芷适应性很强，喜温暖湿润气候，较耐寒，喜阳光充足的环境。白芷是深根喜肥植物，宜种植在土层深厚、疏松肥沃、湿润而又排水良好的砂质壤土，在黏土、浅薄土中种植则主根小而分叉多，亦不宜在盐碱地栽培，不宜重茬。种子在恒温下发芽率极低，在变温下发芽较好，以10～30℃变温为佳，光有促进种子发芽的作用。种子寿命为1年。

白芷正常的生长发育期是：秋季播种当年为苗期，第二年为营养生长期，至植株枯萎时收获；采种植株继续进入第三年的生殖生长：6～7月抽薹开花，7～9月果实成熟。因根里贮藏的营养大量消耗，木质化，不能药用。生产上常因种子、肥水等原因，也有部分植株于第二年就提前抽薹开花，导致根部腐烂空心，严重影响产量和质量。

四、栽培技术

（一）种植材料

采用种子繁殖。选用当年所收的新种子作播种材料。隔年陈种，发芽率低，甚至不发芽。主茎顶端花序所结的种子，容易提早抽薹。一级侧枝顶端花序所结的种子质量好。白芷发芽率70%～80%。在温度13～20℃和足够的湿度条件下，播种后10～15天出苗。

（二）选地与整地

1. 选地

一般前茬作物为棉花、玉米的地均可栽培白芷。白芷要求土壤肥沃，耕作层深，土质疏松，排水良好的砂质壤土。

2. 整地

前茬作物收获后，及时翻耕，深33厘米为宜。晒后再翻一次，然后耙细整平，作宽1～2米，高16～20厘米的高畦，畦面应平整，畦沟宽26～33厘米（排水差的地方采用高畦）。耕地每亩施农家肥2000～3000千克，配施50千克钙镁磷肥。

（三）播种

白芷播种多采用秋播。播种不能过早或过迟，一般在8月上旬至9月初播种。白芷宜直播，不宜育苗移栽，移栽的植株根部分叉，影响产量和质量。采取穴播和条播，播前畦内浇透水，待水渗下后，开始播种。播种前种子要用机械方法，去掉种翅膜，然后在温水中（45℃）浸泡6小时，捞出后擦干再播种。

采用穴播或条播均可，但以条播较好。穴播按行距33厘米左右、株距16～20厘米、深6～10厘米开穴；条播按行距30厘米开浅沟，将种子均匀播下，然后盖薄层细土并用脚轻轻踩一遍，使种子与土壤紧接。每亩用种量穴播需1.75千克左右，条播需2千克或以上。

（四）田间管理

1. 中耕除草

每次间苗时都应结合中耕除草。第一次待苗高3厘米时用手拔草，只需浅松表土，不能过深，否则主根不向下扎，叉根多，影响质量。第二次待苗高6～10厘米时除草，中耕稍深一些。第三次在定苗时松土除草，要彻底除尽杂草，植株长大封垄后不能再行中耕除草。

2. 间苗、定苗

白芷幼苗生长缓慢，播种当年一般不疏苗，第二年早春返青后，苗高5～7厘米时，开始第一次间苗，间去过密的瘦弱苗。条播每隔约5厘米留一株，穴播每穴留5～8株；第二次间苗，每隔约10厘米留一株或每穴留3～5株。

清明前后苗高约15厘米时定苗，条播者按株距12～15厘米定苗；穴播者按每穴留壮苗3株，呈三角形错开，以利通风透光。定苗时应将生长过旺，叶柄呈青白色的大苗拔除，以防止提早抽薹开花。

3. 追肥

白芷追肥在当年宜少宜薄，以免植株徒长，提前抽薹开花。播种第二年植株封垄前追肥1～2次，结合间苗和中耕除草时进行，每亩追肥量饼肥150～200千克，亦可用化肥和人畜粪尿代替，开浅沟施下。雨季后根外喷施磷肥，也有显著效果。

4. 排灌

白芷喜水，但怕积水。播种后，如土壤干燥应立即浇水，以后如无雨天，每隔几天就应浇水一次，保持幼苗出土前畦面湿润，以利于出苗。

苗期也应保持土壤湿润，以防出现黄叶，产生较多侧根。幼苗越冬前要浇透水一次。次年春季以后可配合追肥时浇灌，尤其是伏天更应该保持水分充足。如遇雨季，田间积水，应及时开沟排水，以防积水烂根及病害发生。

（五）留种技术

1. 原地留种法

即在收获时，留部分植株不挖，次年5～6月抽薹开花结籽后收种。此法所得种子质量较差。

2. 选苗留种法

在采挖白芷时，选主根直、中等大小的无病虫害的根作种根，按株行距40厘米×80厘米开穴另行种植，每穴栽种1株，覆土约5厘米，9月出苗后加强除草、施肥、培土等田间管理。第二年5月抽薹后及时培土，以防倒伏。7月后种子陆续成熟时分期分批采收。采收方法：待种子变成黄绿色时，选侧枝上结的种子，分批剪下种穗，挂通风处阴干，轻轻搓下种子，去杂后置通风干燥处贮藏。主茎顶端结的种子易早抽薹，故不宜采收，或在开花时就打掉。

五、采收加工

1. 采收

白芷因产地和播种时间不同，收获期各异。春播白芷当年采收，10月中下旬收获。秋播白芷第二年9月下旬叶片呈枯萎状态时采收。采收过早，植株尚在生长，地上部营养仍在不断向地下根部蓄积，糖分也在不断转化为淀粉，所以会使根条粉质不足，影响产量和质量；采收过迟，如果气候适宜，又会萌发新芽，消耗根部营养，同时淀粉也会向糖分转化，使根部粉性变差，影响产量和质量。白芷在10月初异欧前胡素积累量最高。一般在叶片枯黄时开始收获，选晴天，将白芷旺叶割去，作为堆肥，然后用齿耙依次将根挖起，抖去泥土，运至晒场，进行加工。

2. 加工

将主根上残留叶柄剪去，摘去侧根，另行干燥；晒1～2天，再将主根依大、中、小三等级分别暴晒，以便管理。在晒时切忌雨淋，晚上要收回，晴天运出再晒，否则会出现腐烂或黑心现象。反复多次，直至晒干。

六、药典标准

1. 性状

本品呈长圆锥形，长10~25厘米，直径1.5~2.5厘米。表面灰棕色或黄棕色，根头部钝四棱形或近圆形，具纵皱纹、支根痕及皮孔样的横向突起，有的排列成四纵行。顶端有凹陷的茎痕。质坚实，断面白色或灰白色，粉性，形成层环棕色，近方形或近圆形，皮部散有多数棕色油点。气芳香，味辛、微苦。（图3）

图3　白芷药材

2. 鉴别

显微鉴别　本品粉末黄白色。淀粉粒甚多，单粒圆球形、多角形、椭圆形或盔帽形，直径3~25微米，脐点点状、裂缝状、十字状、三叉状、星状或人字状；复粒多由2~12分粒组成。网纹导管、螺纹导管直径10~85微米。木栓细胞多角形或类长方形，淡黄棕色。油管多已破碎，含淡黄棕色分泌物。

3. 检查

（1）水分　不得过14.0%。

（2）总灰分　不得过6.0%。

（3）重金属及有害元素　照铅、镉、砷、汞、铜测定法测定，铅不得过5毫克/千克；镉不得过1毫克/千克；砷不得过2毫克/千克；汞不得过0.2毫克/千克；铜不得过20毫克/千克。

4. 浸出物

用稀乙醇作溶剂，按醇溶性浸出物测定法项下的热浸法测定，不得少于15.0%。

七、仓储运输

1. 仓储

贮存于阴凉干燥处，温度不超过30℃，相对湿度70%～75%，商品安全水分12%～14%。贮藏期间应定期检查，发现虫蛀、霉变可用微火烘烤，并筛除虫体碎屑，放凉后密封保藏；或用塑料薄膜封垛，充氮降氧养护。

2. 运输

运输工具必须清洁、干燥、无异味、无污染，运输中应有防雨、防潮、防曝晒、防污染措施，严禁与可能污染其品质的货物混装运输。

八、药材规格等级

药材市场上根据白芷大小分为4个等级，具体分级标准如下。

一等　呈圆锥形。根表皮淡棕色或黄棕色。断面黄白色，显粉性，气香，味辛、微苦。每千克36支以内。无油条、黑心、虫蛀、霉变。

二等　呈圆锥形。根表皮淡棕色或黄棕色。断面黄白色，显粉性，气香，味辛、微苦。每千克60支以内。无油条、黑心、虫蛀、霉变。

三等　呈圆锥形。根表皮淡棕色或黄棕色。断面黄白色，显粉性，气香，味辛、微苦。每千克60支以上。顶端直径不得小于1.5厘米。间有白芷尾、异状，但总数不得超过20%。无油条、黑心、虫蛀、霉变。

统货　呈圆锥形。根表皮淡棕色或黄棕色。断面黄白色，显粉性，气香，味辛、微苦。大小不等。无油条、黑心、虫蛀、霉变。

九、药用和食用价值

1. 临床应用

解表散寒，祛风止痛，宣通鼻窍，燥湿止带，消肿排脓。用于感冒头痛，眉棱骨痛，鼻塞流涕，鼻衄，鼻渊，牙痛，带下，疮疡肿痛。常用剂量为3～10克。

2. 食疗价值

白芷粉可以配合做成餐品，如做面包、馒头时可以直接加入白芷粉。还可制成如川芎白芷瘦肉汤、川芎白芷鱼头汤等食用。

参考文献

[1] 黄娅，韩凤，韦中强，等. 中药材白芷GAP种植技术[J]. 亚太传统医药，2012，8（2）：11–13.
[2] 袁丽然. 白芷田间种植管理[J]. 河北农业，2010（9）：17.
[3] 杨和生，刘华. 白芷高产种植技术[J]. 农业科技开发，1997（9）：26.
[4] 夏晓伟，盛兴利，周茹. 白芷栽培的关键技术[J]. 农业知识，2003（7）：22–23.

bai hua she she cao
白花蛇舌草

本品为茜草科植物白花蛇舌草*Hedyotis diffusa* Willd. 的干燥全草。

一、植物特征

一年生无纤毛披散草本，高20～50厘米。茎稍扁，从基部开始分枝。叶对生，无柄，膜质，线形，长1～3厘米，宽1～3毫米，顶端短尖，边缘干后常背卷，上面光滑，下面有时粗糙；中脉在上面下陷，侧脉不明显；托叶长1～2毫米，基部合生，顶部芒尖。花4数，单生或双生于叶腋；花梗略粗壮，长2～5毫米，罕无梗或偶有长达10毫米的花梗；萼管球形，长1.5毫米，萼檐裂片长圆状披针形，长1.5～2毫米，顶部渐尖，具缘毛；花冠白色，管形，长3.5～4毫米，冠管长1.5～2毫米，喉部无毛，花冠裂片卵状长圆形，长约2毫米，顶端钝；雄蕊生于冠管喉部，花丝长0.8～1毫米，花药突出，长圆形，与花丝等长或略长；花柱长2～3毫米，柱头2裂，裂片广展，有乳头状凸点。蒴果膜质，扁球形，直径2～2.5毫米，宿存萼檐裂片长1.5～2毫米，成熟时顶部室背开裂；种子每室约10粒，具棱，干后深褐色，有深而粗的窝孔。花期春季。（图1，图2）

图1　白花蛇舌草植株

图2　白花蛇舌草花

二、资源分布概况

白花蛇舌草主要分布于江西、福建、浙江、云南、广东、广西、安徽、江苏、河南等地，主产于河南、江西、湖南等地。江西主要种植基地分布于东乡、兴国、南城、万载、遂川等地。白花蛇舌草是江西主产药材之一。

三、生长习性

白花蛇舌草喜温暖、湿润环境；不耐干旱，怕涝。适宜在22～28℃的温度范围内种植，不耐寒，以长江以南地区种植为宜。白花蛇舌草在江西一般土壤环境均可种植，而以土壤湿润、疏松、肥沃、排水良好的沙质土壤中生长最好。

白花蛇舌草的种子为光敏性种子，萌发时需要光，在黑暗中几乎不萌发。在华东地区白花蛇舌草整个生命周期为140～150天。苗期约20天，为5月上、中旬。营养生长期约

80～100天，5月中旬至10月中旬；生长旺盛期为6月至7月中旬和8月中旬至9月上旬。花期长达65天，6月至9月；盛花期约30天，7月中旬至8月中旬，开花适宜的温度为30℃；果期长达60天，7月下旬至9月上旬。花谢后15天左右种子成熟。

四、栽培技术

（一）繁育技术

白花蛇舌草以种子繁殖。播种时间分为春播和秋播，春播以5月上旬为佳（江西赣南地区也可4月下旬播种），秋播于8月下旬进行，春播作商品，秋播既可作商品又可作种子用。

1. 播种前处理

为了提高出苗率，播种前对种子进行处理，具体方法为：将白花蛇舌草的果实放在水泥地上，用橡胶或布包的木棒轻轻摩擦，脱去果皮及种子外的蜡质（数量大用机器加工），然后将细小的种子与细土数倍拌匀；也可将白花蛇舌草的果实与数倍湿润的细沙反复搓揉拌匀，脱去果皮及种子外的蜡质，便于播种。

2. 播种方法

播种可采取条播和撒播两种方法，大多以撒播为主。

（1）春播 播种时选择雨前或小雨天气，按每亩1千克左右的用种量，条播行距为30厘米，撒播直接将带细土或细沙的种子均匀播在畦面上即可。播种季节，江西雨水偏多，气温不太高，无需遮阴和浇水，如遇天旱，需灌水进沟，以保持畦面湿润，有利于出苗，但畦面不积水。气温25℃左右，最适合白花蛇舌草种子发芽，温度过高对种子发芽不利，正常情况下10～15天就会出苗，如是除去了外壳的种子在温度适宜的情况下，只要4～5天就可出苗。

（2）秋播 播种方式同春播，但因秋季气温较高，畦面要用麦柴覆盖，防止暴晒，影响出苗，待苗出4片叶子时，揭去遮盖的麦柴，秋季如留根繁殖，不需要遮阴，沟里应灌水，以畦面湿润不积水为佳。

（二）栽植技术

1. 选地

要选地势偏低、光照充足、排灌方便、疏松肥沃的土壤种植。

2. 整地

整地前，把田地里的水排干，选择晴天用除草剂进行除草，然后在已除干净草的地里，每亩用腐熟有机肥料约500千克或复合肥50千克加磷肥50千克，均匀撒入土壤中，深耕细耙，开沟做畦，畦宽1.2米，畦沟深30厘米，畦面呈龟背形，以便排灌。

（三）田间管理

1. 除草

除草是白花蛇舌草种植中的关键性工作，在田间管理当中既要认真做好播种前的除草工作，更要注意控制白花蛇舌草幼苗期间的田间杂草，以免造成草荒。

防治方法　选择纯度高无杂草的种子。整地前用除草剂除净田间杂草再耕地。苗期：在苗高5～20厘米时，植株尚未散开之前，用专用除草剂按说明进行2～3次的除草；当苗长到20厘米以上，植株已散开之后，如除草剂除草效果不理想，应改用人工除草1～2次。

2. 水管理

白花蛇舌草种植，水的管理也很重要，既要有水，又怕涝（水多容易生病，没水又对其生长不利）；既要保持土壤湿润，又忌畦面积水。在多雨季节，有积水一定要及时排除。干旱时，要浇水或灌水进沟，最好长期保持有半沟水，让苗床湿润不受旱。

3. 追肥

白花蛇舌草生长周期短，追肥宜早，可用充分腐熟的人畜粪尿加水泼浇或用复合肥在雨前撒施，一般追肥2～3次。施肥次数和用量应根据植株生长发育具体情况而定。注意：白花蛇舌草苗嫩时，追肥要掌握浓度，以防烧灼。中后期如遇苗情长势不好，也可在雨前用少量复合肥撒施。（图3）

图3　白花蛇舌草种植基地

五、采收加工

1. 采收

白花蛇舌草1年可收割2次，第1次收割在8月中下旬，第2次收割在11月上中旬。在果实成熟时，割取地上部分，除去杂质和泥土。

2. 加工

收割的鲜货加工前不能堆积过厚，防霉防腐，以免影响质量。晒干后，用编织袋包装或用包装机打成标准包。

六、地方标准

1. 性状

本品全草缠绕交错成团状，有分支，长10～20厘米。主根单一，直径0.2～0.4厘米；须根纤细。茎圆柱形而略扁，具纵棱，基部多分支，表面灰绿色、灰褐色或灰棕色，粗糙。质脆，易折断，断面中央有白色髓或中空。叶对生，多破碎。完整叶片展平后呈条状或条状披针形，长1～3.5厘米，宽0.2～0.4厘米；顶端渐尖。无柄。花白色，单生或双生于叶腋，具短柄，长约2毫米。叶腋常见蒴果留存，果柄长0.2～1.2厘米；蒴果扁球形，直径0.2～0.3厘米，两侧各有一条纵沟，顶端可见1～4枚齿状突起。气微，味微苦。（图4）

2cm

图4　白花蛇舌草药材

2. 鉴别

显微鉴别　本品茎的横切面：表皮细胞为一列，类方形或长方形，外被角质层，可见气孔及表皮乳头状突起。皮层为数列薄壁细胞，偶见草酸钙针晶，内皮层明显，细胞较大。韧皮部较宽。形成层不明显。木质部连接成环。髓部细胞大，偶见草酸钙针晶。

3. 检查

水分　不得过13.0%。

4. 浸出物

以70%乙醇作溶剂，按热浸法测定，不得少于5.0%。

七、仓储运输

1. 仓储

储藏仓库应通风、阴凉、避光、干燥，温度不超过20℃，相对湿度不高于65%。要有防鼠、防虫措施，地面要整洁。存放的条件应符合《药品经营质量管理规范》（GSP）的要求。

2. 运输

车辆的装载条件符合中药材运输要求，卫生合格，具备防暑、防晒、防雨、防潮、防火等设备。进行批量运输时不应与其他有毒、有害、易串味物质混装。

八、药用与食用价值

白花蛇舌草有清热解毒，消痈散结，利水消肿的功效。用于咽喉肿痛，肺热喘咳，热淋涩痛，湿热黄疸，毒蛇咬伤，疮肿热痈。内服常用剂量为15～30克。外用适量。

1. 治疗黄疸

白花蛇舌草50～100克，取汁和蜂蜜服。

2. 治疗痢疾、尿道炎

白花蛇舌草50克，煎水服。

3. 治疗盲肠炎

白花蛇舌草鲜茎叶榨汁饮服，可治疗盲肠炎。

4. 作茶饮

在夏季用白花蛇舌草泡茶或加入凉茶中饮用，是广东、广西、福建地区人们的习惯。

参考文献

[1] 江西省食品药品监督管理局. 江西中药材标准（2014年版）[S]. 上海：上海科学技术出版社，2014：107.

[2] 李贺敏，李连珍，李潮海. 种植密度对白花蛇舌草生长和产量的影响[J]. 中国中药杂志，2008，（20）：2410-2413.

[3] 辛如如. 白花蛇舌草栽培、加工技术[J]. 防护林科技，2012（6）：118-119.

[4] 钟立敏，周宏霞，刘丹. 白花蛇舌草的药理和临床应用进展[J]. 中医药信息，2001（4）：14-15.

ban   xia
半夏

本品为天南星科植物半夏*Pinellia ternata*（Thunb.）Breit. 的干燥块茎。

一、植物特征

块茎圆球形，直径1～2厘米，具须根。叶2～5枚，有时1枚。叶柄长15～20厘米，基部具鞘，鞘内、鞘部以上或叶片基部（叶柄顶头）有直径3～5毫米的珠芽，珠芽在母株上萌发或落地后萌发；幼苗叶片卵状心形至戟形，为全缘单叶，长2～3厘米，宽2～2.5厘米；老株叶片3全裂，裂片绿色，背淡，长圆状椭圆形或披针形，两头锐尖，中裂片长3～10厘米，宽1～3厘米；侧裂片稍短；全缘或具不明显的浅波状圆齿，侧脉8～10对，细弱，细脉网状，密集，集合脉2圈。花序柄长25～30（～35）厘米，长于叶柄。佛焰苞绿色或绿白色，管部狭圆柱形，长1.5～2厘米；檐部长圆形，绿色，有时边缘青紫色，长4～5厘米，宽1.5厘米，钝或锐尖。肉穗花序：雌花序长2厘米，雄花序长5～7毫米，其中间隔3毫米；附属器绿色变青紫色，长6～10厘米，直立，有时"S"形弯曲。浆果卵圆形，黄绿色，先端渐狭为明显的花柱。花期5～7月，果8月成熟。（图1，图2）

图1 半夏植株

图2 半夏佛焰包

二、资源分布概况

半夏主要分布于湖北、河南、安徽、山东、四川、甘肃等地。已大规模人工栽培。主产于湖北武昌、老河口、襄阳、阳新、天门；河南汝南、灵宝、卢氏、渑池、息县、淮滨、唐河；安徽怀宁、宣城、宁国、阜南、颍上；山东金乡、巨野、胶南、五莲、莱阳；四川昭觉、岳池、壁山、隆昌、荣昌；重庆万州、忠县等地。尤以四川产量大，以云南昭通所产最佳，为道地产品。

三、生长习性

半夏喜温暖湿润、半阴半阳的环境。怕炎热，也怕寒冷，一般认为8℃为半夏的生物学起点温度，最适生长温度为15～25℃，高于35℃半夏即倒苗，低于13℃半夏转为地下生长。对土壤的要求不甚严格，但喜肥，土壤pH以6～7为宜。除盐碱土、砾土、过沙、过黏及过于积水的土壤不宜生长外，其他土壤基本均可生长；以肥沃疏松、土层深厚、湿润（含水量为20%～40%）的砂质壤土或偏酸性壤土中生长良好。

江西栽培半夏在旬温10℃萌动生长，13℃开始出苗。在旬温达15～25℃时半夏生长最旺盛。5月初，气温在20℃以上，块茎较大的植株开始抽出花葶，6月中下旬种子基本成熟。7月中旬至8月中旬高温时期是半夏倒苗休眠期。9月上旬温度降到27℃以下，又开始出苗，形成秋季生长期，直到11月中旬，气温降到13℃以下，开始倒苗越冬。

四、栽培技术

（一）种植材料

生产上常用块茎和珠芽繁殖。

（二）选地与整地

1. 选地

半夏在坡度10～30°的半阴半阳山坡和平地均可种植。因半夏喜大肥，最好选土层深厚、疏松肥沃、易灌易排的砂质壤土，忌盐碱土和黏土栽培，以节省采挖成本，同时利于提高产量。

2. 整地

选地之后，10～11月整地之前，每亩施用500千克有机肥（山坡地每亩施用1500～2000千克有机肥），然后用开沟机整地，做成畦面宽1米，沟宽30厘米，深20厘米，以便于拔草和收获等农事操作。

（三）播种

选择质地坚实，直径1厘米左右，且芽苞丰满、无病虫害的中小块茎或珠芽，按照大小级别分别栽种。尽量不采用大块茎作种，因大块茎组织趋于老化，抽叶率低，生命力弱，个体增重缓慢，收获时种茎多皱缩腐烂。而中小块茎和珠芽发芽快、植株壮、分蘖多、产量高。

1. 播种前准备

生地或者前茬种过大豆、花生的土壤不需要消毒，但是前茬种过玉竹或者其他草本药材的，为预防块茎腐烂病，播种之前需要对种茎消毒。

消毒方法：用50%多菌灵兑水1000倍液或50%草木灰液浸泡2小时，捞出后用塑料布包裹放置12小时，移至日光充足地方晒3～4小时。土壤湿度以"握之成团，落地即散"为宜，如播种前土干，需要提前浇水。

2. 播种时间

适时早播是延长半夏叶柄地下横生时间、提高块茎产量的有效措施。在地下5厘米处温度稳定在5～7℃时，为最佳播种时间。播种时间为11月中旬至12月上旬，次年2月上旬出苗。

3. 栽种深度和密度

在畦内按行距15～20厘米开沟，株行距根据地力和种径大小而定，总的原则是"地肥则稀，地薄则密"，一般按株距1.5厘米把球茎或珠芽均匀播于沟内，盖土与畦面平，稍加压实。栽种深度一般为5～10厘米，不能太深或太浅；太深则出苗困难，太浅则种茎易干缩而不能发芽。用种量一般为球茎每亩20～30千克不等，种得少就晚一年收获，种得多就早一年收获，而且产量高。栽后遇干旱天气，要及时浇水，始终保持土壤湿润。

（四）田间管理

1. 除草

苗期采用人工除草，见草即除，没有时间和次数限制。严禁使用除草剂。除草的同时对地块进行松土，松土深度不超过3厘米，否则会伤到根部。

2. 追肥

半夏出苗后即进行第一次追肥，每亩施复合肥50千克，以后看苗情况再进行多次追肥。小满以后，当第一批珠芽长出许多新植株时，田块内植株密度增大，而且球茎生长迅速，需要水肥较多，此外要重施粪肥、饼肥和尿素，每亩施腐熟厩肥、草皮灰混合肥4000～5000千克，撒施于畦面上。施肥后即进行培土，防止肥料流失，同时利于珠芽生长。

3. 排灌水

半夏怕高温干旱，在整个生长发育期内，要经常保持土壤湿润，以促进植株和块根生长。生长前期气温高，需及时浇水；雨季要做好排水工作，防止球茎腐烂；生长后期至收获期不用浇水。

4. 间作套种

一般采用油茶、果树等乔木与半夏间作套种，可以有效缓解暑期倒苗，降低倒苗率。

5. 培土

每年6月以后，成熟的种子和珠芽陆续落地，宜在芒种（6月上旬）至小暑（7月上旬）进行2次培土，以利珠芽入土生长，长成新的粗壮植株。培土厚约1.5厘米，需将土打碎拨平，以防积水。

6. 适时摘薹

为了减少营养物质消耗，当植株抽薹时，要分期分批把长出的佛焰苞摘除，使球茎积累更多的营养物质，减少养分消耗，从而提高种茎产量。

图3 半夏种植基地

五、采收加工

1. 采收

（1）采收期 江西栽培半夏一般是11月中旬播种，次年11月中旬即可采收。在气温降至13℃以下，叶子开始变黄时适宜采收。

（2）采挖 挖出的块茎，用孔径1.5厘米筛子进行筛选，直径小于1.5厘米、生长健壮、无病虫害和无机械损伤的块茎作为种用，直径大于1.5厘米的作为成品出售。为减少机械损伤，一般是人工采收，大面积栽培需要使用机械采收。

2. 加工

（1）去皮 将筛净的块茎装入编织袋或其他容器，先轻轻摔打几下，然后倒入清水，反复揉搓，或将块茎装入筐内，在流动水中用木棒撞击除去外皮。有条件的可使用去皮机去皮。

（2）干燥　去皮完成后，洗净，取出晾晒，不断翻动，晚上收回，平摊于室内，不能堆放和遇水，直至晒至全干。亦可拌入石灰，促使水分外渗，晒干或烘干。

（3）分级　块茎干燥完全后，按规格分等级，一等品每千克400粒以内，二等品每千克700粒以内，三等品每千克1000粒以内。将分级后的半夏用清水浸泡10～15分钟，反复搓洗，将霉点、杂质、畸形、残缺、颜色发暗的部分全部剔除，再晾干。

六、药典标准

1. 性状

本品呈类球形，有的稍偏斜，直径0.7～1.6厘米。表面白色或浅黄色，顶端有凹陷的茎痕，周围密布麻点状根痕；下面钝圆，较光滑。质坚实，断面洁白，富粉性。气微，味辛辣、麻舌而刺喉。（图4）

图4　半夏药材

2. 鉴别

显微鉴别　本品粉末类白色。淀粉粒甚多，单粒类圆形、半圆形或圆多角形，直径2～20微米，脐点裂缝状、人字状或星状；复粒由2～6分粒组成。草酸钙针晶束存在于椭圆形黏液细胞中或随处散在，针晶长20～144微米。螺纹导管直径10～24微米。

3. 检查

（1）水分　不得过13.0%。

（2）总灰分　不得过4.0%。

4. 浸出物

按冷浸法测定，不得少于7.5%。

七、仓储运输

1. 仓储

药材仓储要求符合NY/T1056—2006《绿色食品 贮藏运输准则》的规定。仓库应具有防虫、防鼠、防鸟的功能；要定期清理、消毒和通风换气，保持洁净卫生；不应与非绿色食品混放；不应和有毒、有害、有异味、易污染物品同库存放；在保管期间如果水分超过14%、包装袋打开、没有及时封口、包装物破碎等，导致半夏吸收空气中的水分，发生返潮、结块、褐变、生虫等现象，必须采取相应的措施。

2. 运输

运输车辆的卫生合格，温度在16～20℃，湿度不高于30%，具备防暑、防晒、防雨、防潮、防火等设备，符合装卸要求；进行批量运输时不应与其他有毒、有害、易串味物质混装。

八、药材规格等级

市场上半夏共分为3个等级，具体分级标准如下。

1. 选货

一等　圆球形，有的稍偏斜，直径1.2～1.5cm，大小均匀。表面白色或浅白黄色，顶端有凹陷的茎痕，周围密布麻点状根痕；下部钝圆，较平滑。质坚实，断面洁白或白色，富粉性。气微，味辛辣、麻舌而刺喉。每500克块茎数小于500粒。无外皮、虫蛀、霉变。

二等　每500克块茎数500～1000粒。其他同"一等"。

2. 统货

圆球形，有的稍偏斜，直径1.0～1.5厘米。表面白色或浅白黄色，顶端有凹陷的茎痕，周围密布麻点状根痕；下部钝圆，较平滑。质坚实，断面洁白或白色，富粉性。气微，味辛辣、麻舌而刺喉。无外皮、虫蛀、霉变。

九、药用价值

燥湿化痰，降逆止呕，消痞散结。用于湿痰寒痰，咳喘痰多，痰饮眩悸，风痰眩晕，痰厥头痛，呕吐反胃，胸脘痞闷，梅核气；外治痈肿痰核。

1. 半夏泻心汤（《伤寒论》）

主治寒热互结之痞证。半夏12克，黄芩、干姜、人参各9克，黄连3克，大枣12枚，甘草9克。以上七味，以水一斗，煮取六升，去渣，再煮，取三升，温服一升，日三服。方中以辛温之半夏为君，散结除痞，又善降逆止呕。

2. 半夏厚朴汤（《金匮要略》）

主治梅核气。半夏12克，厚朴9克，茯苓12克，生姜9克，苏叶9克。以水七升，煮取四升，分温四服，日三夜一服。方中半夏苦辛温燥，化痰散结，降逆和胃为君。

3. 半夏白术天麻汤（《医学心悟》）

主治风痰上扰证。半夏9克，天麻、茯苓、橘红各6克，白术15克，甘草3克。生姜一片，大枣二枚，水煎服。方中以半夏燥湿化痰，降逆止呕。

参考文献

[1] 蒋庆民，林伟，蒋学杰. 半夏标准化种植技术[J]. 特种经济动植物，2017，20（11）：35-36.

[2] 龚媛媛，符思，王微，等. 半夏厚朴汤临床应用研究进展[J]. 环球中医药，2016，9（07）：901-904.

[3] 伏建存. 半夏优质高产种植技术[J]. 云南农业，2015，（06）：22-23.

[4] 金岩，邓健男，李沛清. 半夏泻心汤临床应用研究进展[J]. 亚太传统医药，2015，11（02）：58-59.

[5] 王治中，安永东，杨英，等. 半夏白术天麻汤临床应用及实验研究现状[J]. 西部中医药，2014，27（08）：162-164.

[6] 王亚虎. 半夏的高效种植技术[J]. 农业与技术，2013，33（12）：136.

[7] 张保国，刘庆芳. 半夏泻心汤现代研究与临床应用[J]. 中成药，2011，33（02）：318-321.

杜 仲

du　zhong

本品为杜仲科植物杜仲*Eucommia ulmoides* Oliv. 的干燥树皮。

一、植物特征

落叶乔木，高达20米，胸径约50厘米；树皮灰褐色，粗糙，内含橡胶，折断拉开有多数细丝。嫩枝有黄褐色毛，不久变秃净，老枝有明显的皮孔。叶椭圆形、卵形或矩圆形，薄革质，长6～15厘米，宽3.5～6.5厘米；基部圆形或阔楔形，先端渐尖；上面暗绿色，初时有褐色柔毛，下面淡绿，初时有褐毛，以后仅在脉上有毛；侧脉6～9对，与网脉在上面下陷，在下面稍突起；边缘有锯齿；叶柄长1～2厘米，上面有槽，被散生长毛。叶片折断拉开有细丝。花生于当年枝基部，雄花无花被；花梗长约3毫米，无毛；苞片倒卵状匙形，长6～8毫米，顶端圆形，边缘有睫毛，早落；雄蕊长约1厘米，无毛，花丝长约1毫米，药隔突出，花粉囊细长，无退化雌蕊。雌花单生，苞片倒卵形，花梗长8毫米，子房无毛，1室，扁而长，先端2裂，子房柄极短。翅果扁平，长椭圆形，长3～3.5厘米，宽1～1.3厘米，先端2裂，基部楔形，周围具薄翅；坚果位于中央，稍突起，子房柄长2～3

毫米，与果梗相接处有关节。种子扁平，线形，长1.4～1.5厘米，宽3毫米，两端圆形。花期3～4月，果期10～11月。（图1～图3）

图1　杜仲植株

图2　杜仲叶

图3　杜仲果

二、资源分布概况

杜仲主要分布于陕西、甘肃、河南、湖北、江西、四川、云南、贵州、湖南及浙江等地，现各地广泛栽种。张家界为杜仲之乡，世界最大的野生杜仲产地。

三、生长习性

杜仲喜温和湿润、阳光充足的环境，在荫蔽处生长，树势柔弱。性颇耐寒冷，成年树在–21℃尚能自然越冬，种子在9℃时即可发芽，12～18℃发芽最快，温度升到32℃以上发芽缓慢。植株在高温条件下生长不良，宜冬暖夏凉的气候。在质地结构良好、湿润肥沃、土层深厚、pH6～8的大土泥、黄泥、砂质壤土上生长良好；过干、过湿、过瘠或过酸的土壤，均不利于杜仲生长。

四、栽培技术

（一）选地整地

根据杜仲对气候和土壤的要求，宜选择山体中下部土层深厚肥沃的向南山坡，在山坡上先修好宽度为2～3米的反梯田，梯田的长度依地形、地势定位3～5米。梯田修好后，在梯田内按株距3米顺梯田中心线挖55～60厘米见方，深45～50厘米的栽种坑，每个栽种坑施垃圾肥2～3千克，饼肥100～200克，有条件的还可加施骨粉或过磷酸钙200克。然后将所施肥料与坑内土壤拌匀；或每穴施复合肥0.5千克作为基肥。如为荒地，则先将荒地的杂草除尽，将地整平，杂草就近堆成堆，焚烧或沤肥。

（二）播种育苗

1. 选种与处理

选择新鲜、饱满、黄褐色、有光泽的种子。在播种前，用40℃温水浸种2天，捞去浮籽，每天换水1～2次，待种子膨胀后，换25℃的温水继续浸泡，每天换水1～2次，至露白后，取出播种。

2. 播种

可在秋季（10～11月）果实呈淡褐色或黄褐色时，选择结实饱满有光泽的种子，随采随播。或春季温度达10℃以上播种。播种方法以条播为好，在整好的苗床上，按行距25～30厘米横畦开沟，深3～4厘米，将种子均匀播入沟内，亩播种量6～8千克，覆盖细土2厘米，整平畦面，盖稻草或无籽杂草保温保湿。

3. 苗期管理

播种后要经常淋水，保持床土湿润，约半个月即可出苗，幼苗出土时选择阴天揭除盖草，使幼苗长得粗壮。待苗高3～4厘米时可进行间苗，每行留壮苗20～25株。此后结合中耕除草进行多次追肥，每亩施人粪尿1000～1500千克或尿素3～5千克兑水施下。培育1～2年，当苗高80～100厘米时，便可移栽定植。每亩可产苗木2.5万～3万株。

（三）移栽定植

1. 移栽期

移栽期过早或过晚都会造成杜仲生长缓慢，植株长势较差，杜仲移栽期一般在11月至翌年2月份杜仲落叶后至春梢萌发前。杜仲最佳移栽定植期为12月。

2. 移栽定植

移栽时把要出圃的杜仲苗木带土挖起，尽量少伤根，每个移栽坑栽苗1株，先把苗木放到坑的中心，逐渐加土，稍压实，然后把苗木向上轻轻提一提，使其根系自然舒展后踏实，再培土，使根系与土壤紧密结合。根据苗木大小，沿树周围培土，筑成1个浅的浇水坑（俗称"水碗"），便于浇水。栽植后必须浇定植水（俗称"定根水"），定植水一定要浇透，使土壤水分基本饱和，利于苗木成活。为了减少蒸发，在水被土壤吸收后，可在水碗内覆盖少量细土保墒。

（四）田间管理

1. 中耕除草

杜仲苗期树冠一般不大，生长缓慢，需加强管理。因此，每年春夏之间必须对杜仲园进行两次中耕除草，一般3～4月1次，5～6月1次，使土壤疏松，田园清洁，为幼树生长创造良好条件。长成成年林后，每年进行1次中耕除草，一般在8月以后进行，将铲除的杂草压入根部土壤作肥料。

2. 施肥

杜仲定植后，每年应结合中耕除草进行两次施肥。幼龄树每株可施农家肥、药渣肥或药渣与尿素混合肥500克；成龄树每亩可施氮肥8～12千克，磷肥8～12千克，钾肥4～6千克。这两次施肥量应根据土壤肥力及肥料来源，酌情增减。应根据土壤肥力，结合松土，每年每亩追施厩肥2000～2500千克，或人粪尿2500千克，另加过磷酸钙15～25千克以及适量的草木灰和化肥等。施肥时尽量使用农家肥、有机肥等，减少化肥的使用。施肥方法主要有：全园施肥法、放射状沟施肥法、环状沟施肥法、条状沟施肥法和穴状施肥法。

3. 浇水

苗定植的当年，要经常浇水，往往结合施肥进行，保持土壤潮湿。于每年4～5月、11月间各浇水1次。在采收时要在剥皮前1周将杜仲树浇1次透水。

4. 林下间作

栽植杜仲，在定植后的头4～5年内，由于植株较小，林间空地较多。为了充分利用土地，可在林间间作白术、南板蓝根、大叶紫珠等矮秆、浅根药材，提高土地利用率；也可以套种大豆、花生、紫云英、苜蓿等豆科作物、绿肥，以提高土壤肥力，增加经济效益。5年及5年以上的杜仲林间域密度大，行间光照条件较差，可适当套种草珊瑚等浅根、喜阴作物，或不套种。

5. 冬季耕作

深翻土壤20厘米以上，让深层土壤在阳光下充分暴晒，使土壤的物理性能得到改善，增加土壤的通透性，利于形成土壤的团粒结构，增强土壤保水、保肥的能力。结合冬季耕作（也称冬耕），还可以施加基肥，或者把种植的豆科绿肥深翻埋于土中，增加肥力；也可把田园生长的杂草埋于土中，以利防治病虫害。

6. 截顶

栽种后第二年早春于主干离地面高5厘米处截掉，刺激下部潜伏芽抽发春梢，在芽萌动前完成。平茬后待萌条长至10～15厘米时，应及时选留其中1个生长旺盛及生长位置适宜（周围没有连生萌条）的萌条，将其他萌条全部清除。此后每10天除萌条1次，除萌条应注意不要损伤主干。在栽种第三年后离地面2米截干，在截面均匀留4～5个枝条作主枝。

7. 纵伤树皮

促进杜仲主干加粗，树皮加厚，苗木定植后5年，当其胸径达到5厘米左右时，于每年5月上旬用锋利刀类，从枝下起，顺着主干向下割划，直到接近地面为止，深度以不损伤形成层为宜。一般每株划4道口，以后树干加粗则相应增加道口数。翌年再划时，伤口线应与第一年伤口线错开，以利愈合。纵伤后，随即用0.01%的ABT 2号生根粉溶液向被划伤的树干从上往下喷雾，使药液由伤口渗入树皮内，以起到刺激其薄壁细胞分裂和生长的作用，促进树干增粗、树皮加厚。

8. 修剪与整形

冬季对杜仲进行修剪，剪去枯枝、病枝、徒长枝、交叉枝、下垂枝、内堂弱枝、过密枝和根部萌芽等，使树冠匀称，枝条适当稀疏，通风透光。剪去枝的6%～12%。

五、采收加工

1. 采收

杜仲皮移栽定植10年后可以采收，一般每年5～6月份，此时杜仲树生长旺盛，体内多汁液，树皮易剥落，也易于愈合再生。

采收方法目前多采用环状剥皮技术，此法可进行多次剥皮，能提高单株产量。剥皮时首先在杜仲树分枝下面用利刀横割一刀，然后再纵割一刀，切割深度注意不要伤到木质部及形成层，后撬起树皮，沿横割的刀痕把树皮向两侧撕裂，随撕随割断残连皮部，待绕树干一周全部割断后，就向下撕裂至离地面10厘米处割下，即得完整筒皮。剥皮后要避免烈日暴晒，应及时用地膜或薄膜包扎薄面，上部扎紧，以防止下雨渗水，下部稍松。12小时解开薄膜，用高效树皮愈合生长剂"杜皮厚"喷洒剥面，促进愈合，喷后及时绑上薄膜，待15天后解开包扎物，以利剥面愈合再生。剥皮三年后可再次环剥。

杜仲叶在定植2～3年后便可采收，一年可采收两次，在夏季（6月）杜仲叶生长茂盛时或秋季（10～11月）杜仲叶未发黄前采摘，拣去枯叶。单株采叶量不得超过全株叶量50%。

2. 加工

剥下的树皮可先用开水烫泡3分钟，然后将树皮整理好。将皮的内面双双相对，层层重叠，压紧，堆积放置于平地，以稻草垫底，四面用稻草盖好，上面盖木板，并加石块压平，再用稻草覆盖，经6~7天闷压发热（也叫发汗），然后在中间抽出一块检查，如果树皮内面已呈暗紫色、紫褐色，即可取出晒干或70℃以下烘干。压平晒干（烘干）后的杜仲树皮，外皮粗糙者，还需刨去粗糙表皮，再分成各种规格打捆出售。

将采收下来的杜仲叶置通风处阴干，以保持绿色（不能发黄），或在低温下烘干，当含水量不超过10%时，用袋或竹席包装，在通风干燥处贮藏备用。注意不能在强烈的太阳光下长时间暴晒，晾晒时要及时翻动。遇下雨天气时，要及时回收，不能发霉变质或颜色发黑。晾晒后的叶片颜色当为青绿色或暗绿色。发黑、发黄、发褐、变白的叶片药理成分多半消失，应视为变质叶片而抛弃。药用叶片要求完整，破损率不宜超过30%。

六、药典标准

1. 性状

本品呈板片状或两边稍向内卷，大小不一，厚3~7毫米。外表面淡棕色或灰褐色，有明显的皱纹或纵裂槽纹，有的树皮较薄，未去粗皮，可见明显的皮孔。内表面暗紫色，光滑。质脆，易折断，断面有细密、银白色、富弹性的橡胶丝相连。气微，味稍苦。（图4）

1cm

图4 杜仲药材

2. 鉴别

显微鉴别　本品粉末棕色。橡胶丝成条或扭曲成团，表面显颗粒性。石细胞甚多，大多成群，类长方形、类圆形、长条形或形状不规则，长约至180微米，直径20～80微米，壁厚，有的胞腔内含橡胶团块。木栓细胞表面观多角形，直径15～40微米，壁不均匀增厚，木化，有细小纹孔；侧面观长方形，壁三面增厚，一面薄，孔沟明显。

3. 浸出物

用75%乙醇作溶剂，按热浸法测定，不得少于11.0%。

七、仓储运输

1. 仓储

药材仓储要求符合NY/T1056—2006《绿色食品 贮藏运输准则》的规定。仓库应具有防虫、防鼠、防鸟的功能；要定期清理、消毒和通风换气，保持洁净卫生；不应与非绿色食品混放；不应和有毒、有害、有异味、易污染物品同库存放；在保管期间如果水分超过14%、包装袋打开、没有及时封口、包装物破碎等，易导致药材吸收空气中的水分，发生返潮、结块、褐变、生虫等现象，必须采取相应的措施。

2. 运输

运输车辆的卫生合格，温度在16～20℃，湿度不高于30%，具备防暑、防晒、防雨、防潮、防火等设备，符合装卸要求；进行批量运输时不应与其他有毒、有害、易串味物质混装。

八、药材规格等级

根据市场流通情况，按照杜仲商品的厚度、形状等指标进行等级划分，杜仲药材共分为3个等级。具体分级标准如下。

一等　板片状，厚度大于0.4cm，宽度大于30cm，碎块小于5%。去粗皮。外表面灰褐色，具明显皱纹或纵裂槽纹，内表面暗紫色，光滑。质脆，易折断。断面有细密、银白色且富弹性的橡胶丝相连。气微，味稍苦。无虫蛀、霉变，杂质不得过3%。

二等　板片状，厚度0.3～0.4cm，宽度不限，碎块小于5%。其他同"一等"。

统货 板片或卷形，厚度大于0.3cm，宽度不限，碎块小于10%。其他同"一等"。

九、药用和食用价值

（一）药用价值

补肝肾，强筋骨，安胎。用于肝肾不足，腰膝酸痛，筋骨无力，头晕目眩，妊娠漏血，胎动不安。常用剂量为6～10克。

（二）食用价值

1. 杜仲煨猪腰

材料：杜仲10克，猪肾1个。

做法：猪肾剖开，去筋膜，洗净，用花椒、盐淹过；杜仲研末，纳入猪肾，用荷叶包裹，煨熟食。（《本草权度》）

功效：补肝肾、强腰止痛。用于肾虚腰痛，或肝肾不足，耳鸣眩晕，腰膝酸软。

2. 杜仲爆羊肾

材料：杜仲15克，五味子6克，羊肾2个。

做法：杜仲、五味子加水煎取浓汁；羊肾剖开，去筋膜，洗净，切成小块腰花放碗中，加入前面备好的浓汁、芡粉调匀，用油爆炒至嫩熟，以盐、姜、葱等调味食。（《箧中方》）

功效：补肾强腰，五味子补肾固精。

3. 杜仲炒蹄筋

材料：杜仲20克，猪蹄筋300克，料酒10克，姜5克，葱10克，盐3克，鸡精3克，白糖15克，酱油10克，植物油45克，清汤200毫升。

做法：将杜仲碾成细粉，猪蹄筋用油发好后，用清水漂洗干净，切段。将炒锅置武火上烧热，加入植物油，烧至6成熟时，下入姜、葱爆香，再加入白糖、酱油，炒成枣红色，下入猪蹄筋、杜仲粉，再加入盐、鸡精，即成。

功效：补肝肾，强筋骨。

4. 杜仲核桃煲兔肉

材料：杜仲10克，核桃仁30克，兔肉200克，西芹50克。

做法：杜仲烘干，打成细粉；兔肉洗净、切块，西芹切段；把炒锅置武火上烧热，下入姜、葱炒香，放入兔肉、核桃仁、杜仲粉、西芹、盐炒匀，加入鸡汤，用武火烧沸，再用文火煲35分钟，即成。

功效：补肝肾，益气血，降血压。

5. 杜仲煮冬瓜

材料：杜仲25克，冬瓜300克，料酒10克。

做法：将杜仲去粗皮、润透、切丝、用盐水炒焦；冬瓜去皮、洗净、切块；姜拍松，葱切段。将杜仲、冬瓜、料酒、姜、葱、同放锅内，加水，置武火上烧沸；再用文火煮35分钟，加入盐、鸡精、鸡油即成。

功效：补肝肾，利尿化痰，降血压。适用于慢性肾炎、小便不利、高血压等。

6. 杜仲腰花

材料：杜仲20克，猪腰子250克，料酒10克。

做法：将猪腰洗净，除去腰臊筋膜，切成腰花；杜仲加清水，熬成浓汁；姜切片，葱切段。白糖、味精、醋、酱油和淀粉兑成滋汁。将锅置武火上烧热，放入花椒、姜、葱、腰花、药汁、料酒，迅速翻炒，再放入滋汁，颠锅，即成。

功效：补肝肾，健筋骨，降血压。适用于肾虚腰痛，步履不坚，阳痿，遗精，眩晕，尿频，老年耳聋，高血压等。

7. 杜仲山楂猪肚汤

材料：杜仲30克，山楂20克，猪肚1只。

做法：杜仲用盐水炒焦，山楂去核，切片，猪肚洗净；把杜仲、山楂、姜片、葱段装入猪肚里，把猪肚置炖锅内，置武火上烧沸，再用文火炖90分钟。捞起猪肚，加入汤汁，即可食用。

功效：补肝肾，强筋骨，降血压。适合高血压小便频数、腰痛、阳痿患者食用。

8. 杜仲丹参酒

材料：杜仲30克，丹参30克，川芎20克，米酒750毫升。

做法：将上述材料捣碎，装入纱布袋内，扎紧袋口；将布袋放入干净的器皿中，倒入酒，浸泡，密封；五日后开启，去掉药袋，过滤装瓶，温热后服用，不限时。

功效：补肝肾，强筋骨，养血活血，祛风通络。主治肝肾虚损，精血不足，腰酸腿痛，络脉痹阻。

9. 杜仲寄生茶

材料：杜仲、桑寄生各等份。

做法：上述材料共研为粗末。每次10克，沸水浸泡饮用。

功效：用于高血压伴有肝肾虚弱，耳鸣眩晕，腰膝酸软者。

10. 杜仲茶

以杜仲初春芽叶为原料，经专业加工而成，是中国名贵保健药材，具有降血压、强筋骨、补肝肾的功效，同时有降脂、降糖、减肥、通便排毒、促进睡眠的作用。

参考文献

[1] 赵国斌，范春晖，李文娟. 有机杜仲林标准化种植技术研究[J]. 中国园艺文摘，2012，（1）：185−188.

[2] 熊慧英. 谈杜仲标准种植技术[J]. 福建农业，2015，（06）：67.

吴茱萸
wu zhu yu

本品为芸香科植物吴茱萸 *Euodia rutaecarpa*（Juss.）Benth.、石虎 *Euodia rutaecarpa*（Juss.）Benth. var. *officinalis*（Dode）Huang或疏毛吴茱萸 *Euodia rutaecarpa*（Juss.）Benth. var. *bodinieri*（Dode）Huang的干燥近成熟果实。

一、植物特征

1. 吴茱萸

多年生灌木或小乔木，高2.5～10米，小枝紫褐色，幼枝、叶轴、小叶柄及花序均密被黄褐色长柔毛，芽裸露，密被褐紫色长绒毛。老枝赤褐色，有皮孔。树皮暗红色，有光泽。奇数羽状复叶，对生，长20～40厘米；小叶5～9对，椭圆形至卵形，长5～15厘米，宽2.5～6厘米，先端短尖或急尖，少有渐尖。基部宽楔形至圆形，全缘或有不明显的钝锯齿。叶面深绿色，被疏柔毛，脉上较密，叶背面淡绿色，密被长柔毛，有粗大油点，近无柄或有短柄。聚伞状圆锥花序、顶生，直径7～12厘米，密被锈色柔毛。夏季开花，白色，花雌雄异株，5出数。蓇葖果扁球形，成熟时紫红色，表面有粗大腺油点，顶端无喙，每心皮有一粒种子，卵圆形，黑色，有光泽，表面有小窝点。花期5～6月，果期7～10月。（图1，图2）

2. 石虎

与吴茱萸极相似，主要区别点：小叶3～11，叶片较狭，长圆形至狭披针形，先端渐尖或长渐尖，各小叶片相距较疏远，侧脉较明显，全缘，表面毛少，背面密被长柔毛，脉

图1　吴茱萸植株

图2　吴茱萸花

上最密，油腺粗大。花序轴常被淡黄色或无色长柔毛。成熟果序不及正种吴茱萸密集。种子带蓝黑色。花期5～6月，果期7～8月。

3. 疏毛吴茱萸

又与石虎更相似，区别主要是：叶片较宽，背面叶脉上疏被短柔毛。

二、资源分布概况

吴茱萸常见于广东、广西及云南南部，通常为栽培；石虎主要分布于长江以南、五岭以北的东部及中部各省，浙江、江苏、江西一带多为栽培；疏毛吴茱萸主要分布于广东北部、广西东北部、湖南西南部、贵州东南部。

吴茱萸产区主要分布在长江以南的贵州、重庆、湖南、江西、广西、浙江等地，其中主栽石虎的有贵州铜仁地区，湖南新晃、娄底、浏阳等地；主栽吴茱萸的为湖南湘乡、浏阳，江西万载，浙江建德、平阳等地；主栽疏毛吴茱萸的为广西柳城、阳朔，贵州余庆、松桃，江西樟树等地。

三、生长习性

1. 环境条件

吴茱萸自然分布于温暖地带，多见于海拔200～1000米的低山丘陵的林缘或疏林中。多栽培于低海拔的村前屋后、路边、林缘或成片造林。

吴茱萸喜阳光充足、温暖湿润，耐寒、耐旱，适应性强，要求年均温度16℃以上为好，一般要求海拔在500米以下，若海拔过高，温度过低，则生长缓慢，果实成熟不良，冬季严寒多风而过于干燥的地方也生长不良，结果少、产量低、质量差，且在阴湿的环境里病害较多，亦影响其生长发育。

吴茱萸适宜生长于土质疏松、排水良好的红土壤、黄土壤，对酸碱度要求不严，在微酸微碱性条件下均能生长，以肥沃疏松、排水良好、土层深厚的酸性土壤（pH6左右）中生长好。在贫瘠陡坡的土壤，吴茱萸生长缓慢、长势较差、产量低；在阳光、水分充足的中下坡或平地，吴茱萸生长快、产量高。

2. 生长发育习性

吴茱萸属多年生植物，一般定植后2～3年开始结实，花期5～6月，果期7～10月，植株寿命为20年左右，管理好的可达40年。每年均有一个生长周期，2～3月气温回升到20℃时开始抽芽，5～6月进入生长高峰期，11～12月开始落叶。根极为发达，分蘖力很强，母株周围常萌生许多幼苗，侧根受到机械损伤或露出土面，便可萌生新植株。

四、栽培技术

（一）选地与整地

1. 选地

苗床选择坡度为25°以下，坡向朝东或东南的山坡中下部地段，土层深厚，土质肥沃、疏松、排水良好，以及水源条件好、排灌方便地方，围地要能排能灌基肥足。于冬前12月深翻冻垡，深翻30厘米，每亩施以充分腐熟厩肥2000～3000千克作基肥，深翻25厘米，耙细整平，土壤要细碎，做成宽1.2米、长4～10米的畦，畦间步道为30厘米。

2. 整地

选避风向阳、土层深厚肥沃、排水良好的地方，土壤以沙壤土或壤土为好，一般红壤、红黄壤均可。除尽灌丛、杂草，全垦或条垦25～30厘米深。按要求的株行距开穴，穴径50厘米，深40厘米，每穴施腐熟厩肥或堆肥5～10千克，与穴土混匀作基肥。

（二）播种

吴茱萸为雌雄异株植物，种子不耐干藏，发芽适温12～16℃。但发芽率极低，生产上不用种子繁殖，多采用无性繁殖。

无性繁殖育苗，有分蘖育苗、根插育苗、枝插育苗3种。育苗时间在晚冬或早春进行。

1. 分蘖育苗

因吴茱萸分蘖能力强，可选择3年生以上，健壮、无病虫害、产量高、品质好的优良母株，于冬季或早春，将树根周围泥土挖开，在较粗的侧根上每隔6～10厘米用刀砍一伤口，然后施以人畜粪尿及土杂肥，再用薄土覆盖，1～2月后从其伤口处则分蘖长出幼苗，且生长迅速，待根蘖幼苗高30厘米，则可分离移栽定植。本法简单易行，成活率高，一棵较大母树，一般可得幼苗30～40株。分蘖苗是母树的断根、伤根、跑面根上长出的树苗，苗高一般0.3～2米，参差不齐，品种纯，但侧根少。

2. 根插育苗

从母树下挖取0.8～2厘米粗的树根，剪成长15厘米左右一段，顺向斜插于苗床，行株距30厘米×15厘米。发芽生根后苗木长势齐整，须根多，定植后生长旺盛。

3. 插枝育苗

选择4～5年生、长势旺盛、根系发达、无病虫害的健壮单株吴茱萸作为母株。于冬季落叶后至早春萌发前（一般于当年11月份至次年2月间），从母株上剪取其1～2年生枝条作为插穗。插穗要求发育充实，无病虫。剪成长20～25厘米一段，每段需有2～3个芽。顶芽距上剪口1～2厘米，用500毫克/千克浓度的生根粉溶液快速浸蘸（20秒左右）下切口1～2厘米处，取出稍晾干后扦插。行株距30厘米×15厘米。春暖后即会萌芽长叶，5～6月从下剪口的肉瘤处长出苗根，出根后苗木会迅速生长。苗木壮实，分枝好，须根多，但树苗多有歪斜，起苗和定植时都要求细致。

4. 育苗管理

苗床上搭建拱形塑料膜，发芽生根后去掉拱膜，搭建80厘米高的荫棚以便白天遮阴，常用芦帘，透光度控制在30%～40%。晴天上午8～9时至下午4～5时遮阴，其他时间撤去遮阴物。苗期要保持苗床土壤湿润，浇水宜用喷淋法。约需30天，待其生枝展叶后即可撤去荫棚，以利壮苗。

（三）定植

1. 移栽时间

育苗当年11月至次年3月上旬间均可，栽植天气选雨前为好，随起苗随栽。

2. 起苗、选苗和移栽

对于扦插繁殖的苗床，先将苗床土淋湿，然后起苗。对于分株和压条繁殖的幼苗，先将繁殖材料整体挖出，然后切断。选择健壮无病幼苗，根部同向对齐并扎成捆，每捆20～30株，移栽前根部用拌有多菌灵等低毒农药的泥浆浸根，随即移栽。

3. 种植密度

按约3米×3米的株行距，每亩70～90株进行移栽。

4. 移栽方法

穴栽，将幼苗根部理顺，仔细栽入穴土中，移栽覆土一半时，将种苗轻轻上拔适度，以利其根系舒展，再覆土压实。移栽定植后视天气情况酌浇定根水，用土压实。

（四）田间管理

1. 中耕除草与套种

应适时中耕除草，使园内无杂草。中耕时宜浅，使表土疏松不板结为宜。可行间套种花生、黄豆、西瓜等农作物，也可行间套种其他药用植物如除虫菊、菊花、益母草、桔梗、鱼腥草等药材，并以套种作物的秸秆覆盖树荫下。

2. 施肥

视树木生长状况结合中耕除草适时施肥，施肥方法宜在离根际40厘米处开沟环施入。一般冬季落叶后早春萌芽前，施1次农家肥或施复合肥。用量：3年生以下幼树，每株0.2千克；3年生以上大树，每株0.5千克。6～7月开花结果前，施1次磷钾肥，可喷磷酸二氢钾，或每株施磷酸钙0.5～1千克，或撒施草木灰1.5～2.5千克。

3. 修剪整形

修剪除去病枝、弱枝、下垂枝、过密枝、重叠枝、并生枝及徒长枝等，保留枝梢肥大、芽苞椭圆形枝条。

一般在冬季落叶后进行修剪。第1年剪去主干顶梢，留主干高30～40厘米，促其发枝，在向四周生长的侧枝中，选留3～4个健壮的枝条，培育成为主枝。第2年夏季，在主枝上选留3～4个生长发育充实的分枝，培育成为副主枝，以后再在副主枝上长出侧枝，经过几年的修剪整形，使其成为外圆内空，里疏外密，树冠开张，通风透光，矮干低冠的自然开心形的丰产树形。进入盛果期后，每年冬季还要适当的剪除过密枝、重叠枝、徒长枝和病虫枝等。保留枝条粗壮、芽苞饱满的枝条。

吴茱萸种植基地见图3。

图3 吴茱萸种植基地

五、采收加工

1. 采收

当果实表面由青色转呈淡黄色，手指掐有硬质感，树下刚发现有掉粒时，即为最佳采收期。江西本地多为7月上中旬。应于晴天上午露水干后，将果实成串剪下，采摘时不能损伤果枝。采时用手连青色果柄一同折下，放入篮子或蛇皮袋内，尽快运到水泥晒场摊开晾晒。

2. 加工

采收后，应立即摊开晾晒，晒后不能翻动，不必夜收，第二天傍晚当阳揉下干果，再经筛、吹除去果柄、杂质。如遇阵雨，可将鲜果薄摊于室内地面，开窗通风，不要翻动，待天晴再晒，同样能晒出绿色的好品质药材。若遇连续雨天，可加热烘干，但干燥温度不得超60℃。干后搓揉，使果实与果柄分离，筛除果柄，除净杂质，即可包装贮藏于防潮、蔽光的室内。

六、药典标准

1. 性状

本品呈球形或略呈五角状扁球形，直径2～5毫米。表面暗黄绿色至褐色，粗糙，有多数点状突起或凹下的油点。顶端有五角星状的裂隙，基部残留被有黄色茸毛的果梗。质硬而脆，横切面可见子房5室，每室有淡黄色种子1粒。气芳香浓郁，味辛辣而苦。（图4）

2. 鉴别

显微鉴别　本品粉末褐色。非腺毛2～6细胞，长140～350微米，壁疣明显，有的胞腔内含棕黄色至棕红色物。腺毛头部7～14细胞，椭圆形，常含黄棕色内含物；柄2～5细胞。草酸钙簇晶较多，直径10～25微米；偶有方晶。石细胞类圆形或长方形，直径35～70微米，胞腔大。油室碎片有时可见，淡黄色。

图4　吴茱萸药材

3. 检查

（1）杂质　不得过7.0%。

（2）水分　不得过15.0%。

（3）总灰分　不得过10.0%。

4. 浸出物

用稀乙醇作溶剂，按热浸法测定，不得少于30.0%。

七、仓储运输

1. 包装

干品吴茱萸用木桶或竹筐套塑料包装，置通风干燥处，并注意防潮、霉变、虫蛀，防挥发油散失。包装应干燥、清洁、牢固、无异味及不影响药材质量。在每件包装上应注明品名、规格、产地、批号、重量、日期、生产单位，附有质量标志的合格证。

2. 储藏

药材应储藏在清洁、干燥、阴凉、通风、无异味的专用仓库中，注意防霉、防蛀。

3. 运输

运输工具必须清洁、干燥、无异味、无污染，运输中应防雨、防潮、防暴晒、防污染，严禁与可能污染吴茱萸品质的物品混装运输。

八、药材规格等级

江西产的吴茱萸市场习称"中花吴茱萸"，根据杂质量的多少分为2个等级，具体分级标准如下。

一等　未成熟果实，呈五角状扁球形，直径2.5～4.0厘米。表面黄绿色、粗糙，有多数点状突起或凹陷的油点。基部残留被有黄色茸毛的果梗，横切面可见子房5室。气芳香浓郁，味辛辣。无变色、虫蛀、霉变，枝梗等杂质不得过3%。

二等　未成熟果实，呈五角状扁球形，直径2.5～4.0厘米。表面黄绿色、粗糙，有多数点状突起或凹陷的油点。基部残留被有黄色茸毛的果梗，横切面可见子房5室。气芳香浓郁，味辛辣。无变色、虫蛀、霉变，枝梗等杂质不得过7%。

九、药用价值

吴茱萸以干燥近成熟的果实入药，味辛、苦，性热，有小毒；归肝、脾、肾经，具有散寒止痛、降逆止呕、助阳止泻功能，用于厥阴头痛、寒疝腹痛、寒湿脚气、经行腹痛、脘腹胀痛、呕吐吞酸、五更泄泻、高血压等，外用可治疗口疮等。常用剂量为2～5克，外用适量。

参考文献

[1] 刘珊珊，尹元元，闫利华，等. 吴茱萸药用植物资源调查[J]. 中国中医药信息杂志，2016，23（9）：5–9.

[2] 高国赋，魏宝阳，李顺祥，等. 吴茱萸主栽品种及资源分布现状[J]. 湖南中医杂志，2015，31（7）：154–156.

[3] 熊红红. 江西吴茱萸类药材资源分布研究[J]. 江西化工，2013（4）：277–280.

[4] 邹蓉，蒋运生，韦霄，等. 吴茱萸低产原因及高产栽培技术措施[J]. 湖北农业科学，2011，50（6）：1205-1207.

[5] 魏延立. 吴茱萸栽培技术及病虫害的防治[J]. 江西农业科技，2004，（7）：28-29.

何首乌

本品为蓼科植物何首乌*Polygonum multiflorum* Thunb. 的干燥块根。

一、植物特征

多年生缠绕草本，长达3米左右，根细长，末端形成肥大的块根，质坚实，外表红褐色至暗褐色。茎上部分多分枝无毛，常呈红紫色，单叶互生，具长柄，叶片为狭卵形或心形，先端渐尖，基部心形或箭形，全缘；胚叶鞘膜质，抱茎；圆锥花序顶生或腋生，花小密集、白色；瘦果卵形，具3棱，黑色有光泽。花期4月，果期11月。（图1，图2）

图1　何首乌植株

图2 何首乌花

二、资源分布概况

何首乌生于海拔200～3000米的山谷灌丛、山坡林下、山沟石隙中，分布于甘肃南部、陕西南部、河南、山东、江苏、安徽、浙江、福建、台湾、江西、湖北、湖南、广东、海南、广西、云南、贵州及四川等地。多为野生，广东德庆、江西万安县、南康区等地有栽培。

三、生长习性

何首乌适应性强，野生于灌木丛、丘陵、坡地、林缘或路边土坎上，喜欢温暖气候和湿润的环境条件，耐阴忌干旱和积水。在土层深厚、疏松肥沃、富含腐殖质、湿润的砂质土中生长良好。

四、栽培技术

（一）选地和整地

选排水良好，较疏松肥沃的土壤或砂壤土栽培为好。深耕翻犁可每亩施农家肥2000千克，精细整地，开好沟，沟心距30～40厘米，沟深10厘米左右。以待育苗移栽备用。

（二）繁殖技术

由于春季播种扦插的何首乌，当年都能开花结果，3月中旬播种的何首乌4～6月其地上的茎藤迅速生长时，地下根也逐渐膨大成块根，同期扦插的要到第2年才能逐渐膨大成块根。扦插生根快，成活率高，种植年限短，结块多，因而生产上以这种方法繁殖最佳。种子容易萌发，发芽率60%～70%，但因生长期较长，生产上少用。

1. 种子直播

每年9～10月，将成熟果实采收后，放在阴凉通风处，阴干后装入纸袋贮存，播种前除去种子里的杂质。3月至4月上旬，在备好的地上开沟条播，沟距30～35厘米。施人畜粪水后，将种子均匀撒入沟中，覆土厚约3厘米。

2. 扦插繁殖

选择生长健壮、无病虫害植株的中部茎藤，将其剪成长25厘米左右的插条，每根插条必须有节2～3个，按顺序放好。按行距5～10厘米，开沟深10～15厘米，株距3厘米，将剪好的藤条插入沟中，不能倒放，注意要顺芽生长的方向扦插，上面的节露出土面，下面的节埋入土中。盖细土后压紧，施淡人畜粪水。每星期1次，10～15天就会长出新根，30天后可移栽到定植地。

（三）移栽和定植

宜在春季进行（3～4月育苗，4～5月移栽），移栽时先在沟里灌水，待水吸入土里，以株距为20厘米左右植入何首乌苗，覆土，苗露土2～3厘米为宜。按株行距20厘米×40厘米计算，每亩种植0.7万～0.8万株，如果密度再增加，株行距调为20厘米×35厘米，每亩可移栽0.9万～1万株。

（四）田间管理

1. 浇水、除草

定植初期经常浇水保障苗的成活率，幼苗期勤除草。

2. 追肥

定植成活后追肥，前期氮肥为主，后期施磷钾肥。

3. 搭架、剪蔓、打顶

栽植苗成活，茎蔓生长到30厘米时，要用树枝、竹竿或竹片等搭架，缚蔓。一般在两株何首乌间插入一树枝、竹竿或竹片，长2米。根部砍尖插入土中。顶部1/3处用铁丝捆住。3棵竹竿连接搭成"人"字。呈锥形架，一般每株只留1～2条藤。多余的剪除，到1米以上才保留分枝。这样有利于植株下层通风透光，如果生长过旺，茎长到2.5米时可适当打顶。大田生长每年剪5次。同时除去地上30厘米以下的叶片。

五、采收加工

1. 采收

何首乌移栽后3～4年收获。当秋后叶片枯黄后采挖。采挖时，先除去藤蔓，挖出块根，抖去泥土。运回处理。

2. 加工

（1）何首乌　何首乌的干燥块根即为何首乌。将收获的何首乌洗净，大块的切成1.5厘米厚的片，小的不切，晒干即成商品。何首乌质量以体重、质坚实、粉性足者为佳。

（2）首乌藤　何首乌的干燥藤茎即为首乌藤，别名夜交藤。于每年秋季收割1次，捆成小把晒干，即成商品。首乌藤质量以粗细均匀、表皮紫红色者为佳。

六、药典标准

1. 性状

本品呈团块状或不规则纺锤形，长6～15厘米，直径4～12厘米。表面红棕色或红褐色，皱缩不平，有浅沟，并有横长皮孔样突起和细根痕。体重，质坚实，不易折断，断面浅黄棕色或浅红棕色，显粉性，皮部有4～11个类圆形异型维管束环列，形成云锦状花纹，中央木部较大，有的呈木心。气微，味微苦而甘涩。（图3，图4）

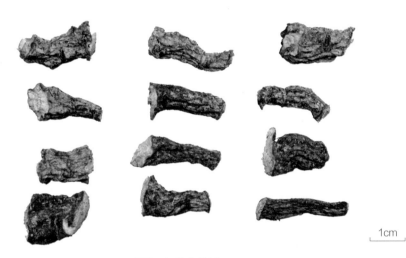

1cm

图3　何首乌药材

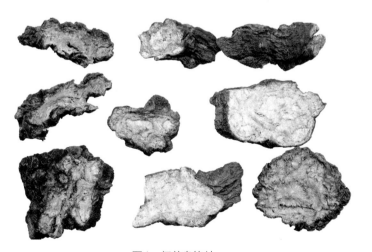

1cm

图4　何首乌饮片

2. 鉴别

显微鉴别　横切面：木栓层为数列细胞，充满棕色物。韧皮部较宽，散有类圆形异型维管束4～11个，为外韧型，导管稀少。根的中央形成层成环；木质部导管较少，周围有管胞和少数木纤维。薄壁细胞含草酸钙簇晶和淀粉粒。

粉末特征：粉末黄棕色。淀粉粒单粒类圆形，直径4～50微米，脐点人字形、星状或三叉状，大粒者隐约可见层纹；复粒由2～9分粒组成。草酸钙簇晶直径10～80（160）微米，偶见簇晶与较大的方形结晶合生。棕色细胞类圆形或椭圆形，壁稍厚，胞腔内充满淡黄棕色、棕色或红棕色物质，并含淀粉粒。具缘纹孔导管直径17～178微米。棕色块散在，形状、大小及颜色深浅不一。

3. 检查

（1）水分　不得过10.0%。

（2）总灰分　不得过5.0%。

七、仓储运输

1. 仓储

药材仓储要求符合NY/T1056—2006《绿色食品　贮藏运输准则》的规定。仓库应具有防虫、防鼠、防鸟的功能；要定期清理、消毒和通风换气，保持洁净卫生；不应与非绿色食品混放；不应和有毒、有害、有异味、易污染物品同库存放；在保管期间如果水分超过10%、包装袋打开、没有及时封口、包装物破碎等，导致何首乌吸收空气中的水分，发生返潮、结块、褐变、生虫等现象，必须采取相应的处理措施。

2. 运输

运输车辆的卫生合格，温度在16～20℃，湿度不高于30%，具备防暑、防晒、防雨、防潮、防火等设备，符合装卸要求；进行批量运输时不应与其他有毒、有害、易串味物质混装。

八、商品规格等级

市场上常按照产地加工方式不同，将何首乌药材分成"首乌个""首乌片""首乌块"三个规格；并在各规格下，根据不同形状、大小进行等级划分。具体分级标准如下。

1. 首乌个

呈团块状或不规则纺锤形，长6～15厘米。直径4～12厘米。表面红棕色或红褐色，皱缩不平，有浅沟，并有横长皮孔样突起和细根痕。体重，质坚实，不易折断，断面浅黄棕色或浅红棕色，显粉性，皮部的类圆形异型微管束环列，形成云锦状花纹。气微，味微苦而苦涩。无变色、虫蛀、霉变。

2. 首乌片

选货　多为不规则的中心厚片，形状规则，大小均匀。外表皮红棕色或红褐色，皱缩不平，有浅沟，具横长皮孔样突起和细根痕。切面浅黄棕色或浅红棕色，显粉性，皮部的类圆形异型微管束环列，形成云锦状花纹。气微，味微苦而苦涩。无变色、虫蛀、霉变。

统货　形状不一，大小不等。多为边皮片。其他同"选货"。

3. 首乌块

选货　为大小均匀、形状规则的块，外表皮红棕色或红褐色，皱缩不平，有浅沟，具横长皮孔样突起和细根痕。切面浅黄棕色或浅红棕色，显粉性，皮部的类圆形异型微管束环列，形成云锦状花纹。气微，味微苦而苦涩。无变色、虫蛀、霉变。

统货　形状不一，大小不等。其他同"选货"。

九、药用和食用价值

1. 药用价值

中药何首乌有何首乌与制何首乌。

何首乌具有解毒、消痈、截疟、润肠通便之功效。用于疮痈，瘰疬，风疹瘙痒，久疟体虚，肠燥便秘。

制何首乌具有补肝肾、益精血、乌须发、强筋骨、化浊降脂之功效。用于血虚萎黄，眩晕耳鸣，须发早白，腰膝酸软，肢体麻木，崩漏带下，高脂血症。

（1）何首乌治骨软风，腰膝疼，行履不得，遍身瘙痒　首乌大而有花纹者，同牛膝（锉）各500克。以好酒一升，浸七宿，曝干，于木臼内捣末，蜜丸。每日空心食前酒下三五十丸。

（2）何首乌乌须发，壮筋骨，固精气　赤、白何首乌各500克（米泔水浸三、四日，瓷片刮去皮，用淘净黑豆二升，以砂锅木甑铺豆及首乌，重重铺盖，蒸至豆熟取出，去豆、曝干，换豆再蒸，如此九次，曝干为末），赤、白茯苓各500克（去皮，研末，以水淘去筋膜及浮者，取沉者捻块，以人乳十碗浸匀，晒干，研末），牛膝400克（去苗，酒浸一日，同何首乌第七次蒸之，至第九次止，晒干），当归400克（酒浸，晒），枸杞子400克（酒浸，晒），菟丝子八两（酒浸生芽，研烂，晒），补骨脂200克（以黑芝麻炒香，并忌铁器，石臼捣为末）。炼蜜和丸弹子大一百五十丸，每日三丸，侵晨温酒下，午时姜汤下，卧时盐汤下。其余并丸梧子大，每日空心酒服一百丸，久服极验。

（3）何首乌治久疟阴虚，热多寒少　何首乌，为末，鳖血为丸，黄豆大，辰砂为衣，临发，五更白汤送下二丸。

（4）何首乌治气血俱虚，久疟不止　何首乌（自15克至50克，随轻重用之），当归10或15克，人参15或25克（或50克，随宜），陈皮10或15克钱（大虚不必用），煨生姜三片（多寒者用15或25克）。水二钟，煎八分，于发前二、三时温服之。若善饮者，以酒浸一宿，次早加水一钟煎服亦妙，再煎不必用酒。

（5）何首乌治瘰疬延蔓，寒热羸瘦，乃肝（经）郁火，久不治成劳　何首乌如拳大者500克，去皮如法制，配夏枯草200克，土贝母、当归、香附各150克，川芎50克。共为末，炼蜜丸。每早、晚各服15克。

2. 食用和保健价值

何首乌为药食两用，广泛用于保健食品中，具有降脂、减肥、通便和提高免疫力作用。

（1）何首乌入膳　可制成黑芝麻山药何首乌粉、何首乌蒸猪肝、何首乌煨鸡、何首乌炖鸡汤、何首乌刺参汤、首乌党参红枣粥、山楂首乌粥；或制成首乌防脱发茶、首乌黑发酒、首乌茯苓白术饮、首乌肝片食用。

（2）何首乌治老年人习惯性便秘　生何首乌、火麻仁、黑芝麻各等量，焙黄研末，每次服10克，每日3次。

参考文献

[1] 和志忠. 浅谈何首乌栽培技术[J]. 中国农业信息, 2016,（12）: 97-98.

[2] 徐峰, 卢立明, 蒋学杰. 何首乌标准化种植技术[J]. 特种经济动植物, 2017, 20（7）: 42.

[3] 陈刚, 俸才军, 赵致. 何首乌栽培技术研究进展[J]. 耕作与栽培, 2014（5）: 56-59.

[4] 孙瑞芬, 赵荣华, 阮志国, 等. 何首乌应用研究进展[J]. 河南科技大学学报（医学版）, 2016, 34（4）: 316-320.

ling zhi
灵芝

本品为多孔菌科真菌赤芝*Ganoderma lucidum*（Leyss. ex Fr.）Karst. 或紫芝*Ganoderma sinense* Zhao，Xu et Zhang 的干燥子实体。

一、植物特征

赤芝

子实体由菌盖、菌柄和子实层组成。菌盖半圆形或肾形，长4～12厘米，宽3～20厘米，厚0.5～2厘米，木栓质，黄色，渐变为红褐色，皮壳有光泽，有环状棱纹和辐射状皱纹。菌柄侧生，罕偏生，深红棕色或紫褐色。菌肉近白色至淡褐色，菌管长达0.2～1厘米，近白色，后变浅褐色。管口初期白色，后期呈褐色。孢子红褐色，卵形，一端平截，外孢壁光滑，内孢壁粗糙，中央含1个大油滴。

赤芝和紫芝为药用品种，一般栽培品种为赤芝。在赤芝中，优良品种有：信州、惠州、泰山1号、大别山灵芝等。一般根据当地的生产条件（袋料或段木）、生产目的（出口或内销）来确定栽培品种。（图1，图2）

图1　野生赤芝

图2　人工种植赤芝

二、资源分布概况

赤芝产于华东、西南及吉林、河北、山西、江西、广东、广西等地，有人工栽培。销全国各地。

紫芝产于浙江、江西、湖南、四川、福建、广西、广东等地，也有人工栽培。销全国各地。

三、生长习性

灵芝的生长发育周期分为两个阶段：第一阶段是菌丝生长期。灵芝担孢子在适宜的温度、湿度等条件下，发育呈菌丝。第二阶段是子实体生长阶段。当菌丝聚集密结，积累了足够的营养时，开始向子实体生长转化，在一个点或者几个点上，着生子实体。

灵芝子实体的生长又分为三个阶段，分别是菌蕾期、开片期和成熟期。

种植灵芝一般5月上旬开始接种，菌丝生长45天左右，进入菌蕾期。菌蕾是由菌丝发育而成、乳白色疙瘩状的突起，菌蕾期一般15天左右，进入开片期。开片期的特点是菌柄伸长、菌盖发育成贝壳状或扇状，开片期也是15天左右，灵芝进入成熟期。灵芝成熟的标志是菌盖下方弹射孢子，在成熟灵芝的表面，会看到一层细腻的孢子粉。

四、栽培技术

赤芝和紫芝的种植技术相同，本文仅介绍赤芝的种植技术。

（一）灵芝袋栽技术

1. 栽培房的选择

选择合理的灵芝栽培房是取得高产的重要条件。根据灵芝的生物学特性，必须选择能够保湿、保温、通风良好、光线适量、排水通畅、方便操作的栽培房栽培灵芝。栽培房使用前要清洗干净，再用消毒水喷撒两遍。

2. 栽培料的配方

（1）杂木屑77%，麸皮18%，玉米粉3%，蔗糖1%，石膏粉1%。

（2）甘蔗渣50%、杂木屑48%、黄豆粉1%、石膏粉1%。

（3）棉籽壳44%、杂木屑44%、麸皮5%、玉米粉5%、蔗糖1%、石膏粉1%。

（4）玉米芯45%、杂木屑45%、麸皮8%、黄豆粉1%、石膏粉1%。

（5）木屑75%、玉米粉16%、麦麸7%、石膏粉1%、磷肥1%。

（6）木屑75%、麦麸23%、碳酸钙2%。

3. 栽培料的制作

在配制栽培料时，先将木屑、麦麸、石膏粉等拌匀，含水60%～65%。料拌好后即可装袋。袋的规格有15厘米×35厘米或17厘米×35厘米的聚丙烯或聚乙烯袋。每袋装干料350～450克。聚乙烯袋采用常压灭菌14小时，聚丙烯袋采用高压灭菌2小时，将消毒好的料袋移入无菌箱或无菌室用气雾剂熏蒸消毒，同时打开紫外灯，保持40分钟，然后无菌操作接种。一般一瓶麦粒种接料袋40～45袋，一瓶玉米粒种接料袋35～40袋。将已接种的菌袋移入消毒好的培养室内，分层排放，一般每排放6～8层高，每排之间留有人行通道。

4. 发菌及出菇管理

（1）发菌阶段管理　培养室保持22～30℃，空气相对湿度保持在40%～60%，每天通风半小时，检查并防治杂菌污染，室内有散光即可，避免强光照射。一般经28～30天左右（低温时菌丝生长缓慢）菌丝便可长满菌袋。

（2）出芝管理　出芝时保持温度26～30℃，空气相对湿度提高到90%～95%，并提供散射光和充足的氧气。保持地面潮湿（最好有浅水层），每天向墙壁四周及空间喷水3～4次，在上午8～10时以前，下午4时以后开门通风换气，气温低时中午11时至下午2时通风换气。原基膨大至逐渐形成菌盖时，忌直接喷水，当菌盖长有2～3圈时，在菌盖上下喷透水，每天喷3～4次。通风不良易出畸形芝，一旦出现畸形芝芽立即割掉。菌盖的生长应有足够的空间。

5. 上架弹粉与采收

当菌盖边缘白色消失，边缘变红，菌盖开始木质化时，用湿布将菌袋抹干净，上架或放入纸箱内，可叠多层，菌盖不能相互接触或碰到别的东西，用白纸将菌袋封严。孢子粉弹射房要求干净、阴凉。30天后揭开白纸，收集孢子粉，采子实体。孢子粉子实体一定要晒干或烘干，孢子粉用100目筛过筛后包装好，分别放在干燥、阴凉的地方待售。

6. 采后管理

灵芝收粉采摘后，菌袋注入适量的营养液（清水）放进干净的培养室，按照前一阶段的方法培养管理，可以采收第二茬灵芝。

（二）灵芝瓶栽技术

1. 培养料配方

棉子壳80%、麸皮16%、蔗糖1%、生石膏3%，加水适量，混拌均匀，使培养料含水量在60%～70%，以手握之不出水为度，调节pH5～6。

2. 装瓶灭菌

料拌均匀后，先闷1小时，然后装入广口瓶中，装料要上紧下松，装量距瓶口3～5厘米即可。装好后用尖圆木棒打一通气孔，擦净瓶体，用塑料薄膜加牛皮纸扎紧瓶口，然后进行灭菌（高压灭菌，压力1.1千克/平方厘米，时间1.5小时；常压灭菌100℃，保持8～10小时，再闷12小时）。

3. 接种

在无菌室内进行。用75%乙醇消毒接种工具，然后用右手拿接种耙在酒精灯火焰上灭菌，左手拿菌种瓶，并打开菌种瓶口，在火焰旁用接种耙取出一块小枣大小的菌种，迅速放入栽培料瓶中，经火焰烧口，用牛皮纸包扎好，置于培养室内培养。

4. 培养与管理

在温度20～26℃，空气相对湿度在60%以下，培养20～30天，菌丝即可长满全瓶；再继续培养，培养料上就会长出1厘米大小的白色疙瘩或突起物，即为子实体原基芝蕾。当芝蕾长到接近瓶塞时，拔掉瓶口棉塞，让其向瓶外生长，这时控制室温在26～28℃，空气相对湿度在90%～95%，保持空气新鲜，给以散射光等条件，突起物芝蕾向上伸长成菌柄，菌柄上再长出菌盖，孢子可从菌盖中散发出来。从接种到长出菌盖，约需2个月时间。生长期要注意管理，每天要通过定时开窗的办法换气，如在气温偏高时，上、下午都要开窗。

（三）灵芝段木栽培技术

1. 原辅材料

栽培灵芝的好树种有壳斗科、金缕梅科、桦木科等树种。一般段木以选择树皮较厚、不易脱离、材质较硬、心材少、髓射线发达、导管丰富、树胸径为8～13厘米为宜；在落叶初期砍伐，晚不超过惊蛰。

2. 栽培季节

灵芝属于高温结实性菌类。10～12℃为栽培筒制作期。短段木接种后要培养60～75天才能达到生理成熟。

3. 栽培场所

室外栽培最好选择土质疏松、地势开阔、有水源、交通方便的场所作为栽培场。栽培场需搭盖高2～2.2米、宽4米的阴棚，棚内分左右两畦，畦面宽1.5米，畦边留排水沟。若条件允许，可用黑色遮阳网覆盖棚顶，遮光率为65%，使棚内形成较强的散射光，使用年限长达3年以上。

4. 填料

选用对折径（15～24）厘米×55厘米×0.02厘米的低压聚乙烯筒。生产上大多选用3种规格的塑料筒，以便适合不同口径的短段木栽培使用。将截段后的短段木套入塑料筒内，两端撮合，弯折，折头系上小绳，扎紧。使用大于段木直径2～3厘米的塑料筒装袋，30厘米长的段木每袋一段，15厘米长的段木两段一袋，亦可数段扎成一捆装入大袋灭菌。

5. 灭菌

随后立即进行常规常压灭菌，97～103℃，10～12小时。

6. 接种

制作方法和木腐生菌类方法相同，采用木屑棉籽壳剂型菌种较好。段木接种时，以菌种含水量略大为好，将冷却后的短段木塑料筒预先用气雾消毒盒熏蒸消毒。30分钟后将塑料袋表层的菌种皮弃之，采用双头接种法。二人配合，一人将塑料扎口绳解开，另一人在酒精火焰口附近将捣成花生仁大小的菌种撒入，并立即封口扎紧。另一端再用同样的方法接种，以此类推，随后分层堆放在层架上。接种过程应尽可能缩短开袋时间，加大接种量，封住截断面，减少污染，使菌丝沿着短段木的木射线迅速蔓延开来。

7. 培养

冬天气温较低，应采用人工加温至20℃以上，培养15～20天后即可稍微解松绳索。短段木培养45～55天满筒，满筒后还要再经过15～20天才进入生理成熟阶段，此时方可下地。

8. 排场

将生理成熟的短段木横放埋入畦面，段木横向间距为3厘米。这种横埋方法比竖放出芝效果更好。最后全面覆土，厚度为2～3厘米。连续两天大量淋水。每隔200厘米用竹片竖起矮弯拱，离地15厘米，盖上薄膜，两端稍打开。埋土的土壤湿度为20%～22%，空气相对湿度约90%。

9. 出芝管理

子实体发育温度为22～35℃，入畦保持畦面湿润，以手指捏土粒有裂口为度，宁可偏干些。5月中下旬幼芝陆续破土露面，水分管理以干湿交替为主。夜间要关闭畦上小棚两端薄膜，以便增湿，白天再打开，以防畦面二氧化碳过高，超过0.1%，而产生"鹿角芝"，不分化菌盖，只长柄。通风是保证灵芝菌盖正常展开的关键。6月以后，拱棚顶部薄膜始终要盖住，两侧打开，防止雨淋造成土壤和段木湿度偏高。6月中下旬，为了保证畦面有较高的空气相对湿度，往往采用加厚遮阴物。当表面呈现出漆样光泽时，便可收集孢子或采集子实体。

10. 采收与干制

当菌盖不再增大、白边消失、盖缘有多层增厚、柄盖色泽一致、孢子飞散时就可以采收了。一般从接种至采收约需50～60天，采收后的子实体应剪弃带泥沙的菌柄，在40～60℃下烘烤至含水量低于12%，最后用塑料袋密封贮藏。

五、采收加工

（一）孢子粉的套袋收集

1. 袋的制作

制袋比较费工，必须提早进行，免得错过时间造成损失。

选用透气性较好的50克8开新闻纸（大小为39厘米×27厘米），制作方法分以下四步进行。

（1）先将边长39厘米一边留出2厘米用做粘贴胶水，然后对折成18.5厘米，粘成高27厘米、周长37厘米的圆筒。

（2）将筒高27厘米对折的中线，然后选任意一端再向中线对折，得1/4即6.75厘米做袋底。

（3）将所得的1/4的两边边线向圆筒内折，并使两条线分别与内线对齐，得圆筒底部的平面，另两等边长，各为5厘米。

（4）将任意一等边向底边中线对折并超过中线1厘米，将底部的封闭部分粘上胶水，然后把另一边也向中线超过1厘米对折压实，粘成高20厘米、周长37厘米、底部全封闭的长筒食品袋状，即成。

也可选用与纸袋大小相同，厚0.4毫米的聚丙烯折角袋，每平方厘米用12号针头扎孔20个以上备用。

2. 套袋时间

原基发生至子实体成熟一般需要30天左右，一旦子实体成熟孢子也陆续开始释放。子实体成熟的标准是，菌盖边缘白色生长圈已基本消失，菌盖由黄色变成棕黄色和褐色，菌管开始成熟并出现棕色丝状孢子或近菌基部落有棕色孢子粉出现，这时即进入套袋最佳时间。

3. 套袋方法

套袋前排去积水降低湿度，同时用清洁的毛巾将套袋的灵芝周围擦干净，然后套上袋子至灵芝的最低部，套袋务须适时，做到子实体成熟一个套一个，分期分批进行。若套袋过早，菌盖生长圈尚未消失，以后继续生长与袋壁粘在一起或向袋外生长，造成局部菌管分化困难影响产孢，若套袋过迟则孢子释放后随气流飘失，影响产量。一般每万袋需陆续套袋10~15天结束。

4. 套袋后管理

（1）保湿　灵芝孢子发生后仍需要较高的相对湿度，以满足子实体后期生长发育的条件，促使多产孢。室内常喷水，必要时仍可灌水，控制相对湿度达90%。

（2）通气　灵芝子实体成熟后，呼吸作用逐渐减少，但套袋后局部二氧化碳浓度也会增加，因此仍需要保持室内空气清新。一般套袋半个月后子实体释放孢子可占总量的60%以上。

（二）子实体的采收

灵芝子实体成熟的标准：菌盖边缘的色泽和中间的色泽相同。菌盖已充分展开，边缘的浅白色或浅黄色消失，菌盖变硬，开始弹射孢子。这个时候，需要停止向子实体喷水。采收灵芝的时候，要逐一检查，采收那些已经完全成熟，表面覆盖着一层灵芝粉的灵芝。而没有开始弹射孢子的灵芝，暂时不要采收。采收灵芝后，可以将灵芝孢子粉收集起来，以供药用。

灵芝采收后，菌袋还可继续再用一次。只要灌足了水，在适宜的条件下，5~7天又可长出菌蕾和新的灵芝。

新鲜灵芝的含水量通常为63%，不容易储存，所以灵芝采收后，要在2~3天内烘干或晒干。否则，腹面菌孔会变成黑褐色，降低品质。晒干时，腹面向下，一个个摊开。2~3天后，灵芝的含水量降到15%以下，就可以作为商品出售了。

六、药典标准

1. 性状

（1）赤芝　外形呈伞状，菌盖肾形、半圆形或近圆形，直径10~18厘米，厚1~2厘米。皮壳坚硬，黄褐色至红褐色，有光泽，具环状棱纹和辐射状皱纹，边缘薄而平截，常稍内卷。菌肉白色至淡棕色。菌柄圆柱形，侧生，少偏生，长7~15厘米，直径1~3.5厘米，红褐色至紫褐色，光亮。孢子细小，黄褐色。气微香，味苦涩。（图3）

（2）紫芝　皮壳紫黑色，有漆样光泽。菌肉锈褐色。菌柄长17~23厘米。（图4）

图3　赤芝药材

图4　紫芝药材

（3）栽培品　子实体较粗壮、肥厚，直径12～22厘米，厚1.5～4厘米。皮壳外常被有大量粉尘样的黄褐色孢子。

2. 鉴别

显微鉴别　本品粉末浅棕色、棕褐色至紫褐色。菌丝散在或黏结成团，无色或淡棕色，细长，稍弯曲，有分枝，直径2.5～6.5微米。孢子褐色，卵形，顶端平截，外壁无色，内壁有疣状突起，长8～12微米，宽5～8微米。

3. 检查

（1）水分　不得过17.0%。

（2）总灰分　不得过3.2%。

4. 浸出物

照水溶性浸出物测定法项下的热浸法测定，不得少于3.0%。

七、仓储运输

1. 仓储

仓库应具有防虫、防鼠、防鸟的功能；要定期清理、消毒和通风换气，保持洁净卫生；不应与非绿色食品混放；不应和有毒、有害、有异味、易污染物品同库存放；产品堆放，应用离地面10厘米以上的木制垫仓板铺垫地面。产品堆垛应离四周墙壁50厘米以上；堆垛与堆垛间应保留50厘米通道。

2. 运输

运输车辆的卫生合格，温度在16～20℃，湿度不高于30%，运输工具应清洁、卫生、干燥，不得与有毒、有害、有异味的物品混装、混运，运输时应防雨、防潮、防暴晒。

八、药材规格等级

根据不同基原，将灵芝药材分为"赤芝"和"紫芝"两种规格；根据不同生长方式，将灵芝药材划分为"野生品"和"栽培品"两种规格；又根据不同栽培方式，将栽培品灵芝药材分为"段木"和"代料"两种规格；又根据不同采收时间，将赤芝药材分为"产孢"和"未产孢"两种规格。根据灵芝菌盖直径的大小，将段木赤芝（未产孢）规格分为"特级"和"一级"两个等级；其他规格项下均为统货。本文仅介绍栽培品的商品规格等级标准。

1. 段木赤芝（未产孢）

特级　菌盖完整，肾形、半圆形或近圆形。盖面红褐色至紫红色，有光泽，腹面黄白色，干净。木栓质，质重，密实。菌盖直径≥20厘米，厚度≥2.0厘米，菌柄长度≤2.5厘米。气微香，味苦涩。

一级　菌盖完整，肾形、半圆形或近圆形。盖面红褐色，有光泽，腹面黄白色或浅褐色，干净。木栓质，质重，密实。菌盖直径≥15厘米，厚度≥1.0厘米，菌柄长度≤2.5厘米。气微香，味苦涩。无霉变，杂质不得过3%。

统货　菌盖完整，肾形、半圆形或近圆形，或有丛生、叠生混入。盖面黄褐色至红褐色，腹面黄白色或浅褐色。木栓质，质重，密实。菌盖直径≥10厘米，厚度≥1.0厘米，菌柄长短不一。气微香，味苦涩。无霉变，杂质不得过3%。

2. 段木赤芝（产孢）

统货　菌盖完整，肾形、半圆形或近圆形，或有丛生、叠生混入。盖面黄褐色至红褐色，皱缩，光泽度不佳，腹面棕褐色或可见明显管孔裂痕。木栓质，质地稍疏松。菌盖直径≥10厘米，厚度≥0.5厘米，菌柄长短不一。气微香，味苦涩。无霉变，杂质不得过3%。

3. 代料赤芝（未产孢）

统货　外形呈伞形，菌盖完整，肾形、半圆形或近圆形。盖面黄褐色至红褐色，腹面黄白色或浅褐色。木栓质，质地稍疏松。菌盖直径≥6厘米，厚度≥0.5厘米，菌柄长短不一。气微香，味苦涩。无霉变，杂质不得过3%。

4. 代料赤芝（产孢）

统货　外形呈伞形，菌盖完整，肾形、半圆形或近圆形。盖面黄褐色至红褐色，皱缩，光泽度不佳，腹面棕褐色或可见明显管孔裂痕。木栓质，质地稍疏松。菌盖直径≥6

厘米，厚度≥0.5厘米，菌柄长短不一。气微香，味苦涩。无霉变，杂质不得过3%。

5. 段木紫芝

统货 外形呈伞形，菌盖完整，肾形、半圆形或近圆形。盖面紫黑色，有漆样光泽，腹面锈褐色。木栓质，质重，密实。菌盖直径≥10厘米，厚度≥1.0厘米，菌柄长短不一。气微香，味淡。无霉变，杂质不得过3%。

6. 代料紫芝

统货 外形呈伞形，菌盖完整，肾形、半圆形或近圆形。盖面紫黑色，有漆样光泽，腹面锈褐色。木栓质，质地稍疏松。菌盖直径≥6厘米，厚度≥0.5厘米，菌柄长短不一。气微香，味淡。无霉变，杂质不得过3%。

九、药用和食用价值

（一）药用价值

1. 心神不宁，失眠，惊悸

本品味甘性平，入心经，能补心血、益心气、安心神，故可用于治疗气血不足、心神失养所致的心神不宁、失眠、惊悸、多梦、健忘、体倦神疲、食少等症。可单用研末吞服，或与当归、白芍、酸枣仁、柏子仁、龙眼肉等同用。

2. 咳喘痰多

本品味甘能补，性平偏温，入肺经，补益肺气，温肺化痰，止咳平喘，常可治痰饮证，见形寒咳嗽、痰多气喘者，尤其对痰湿型或虚寒型疗效较好。可单用或与党参、五味子、干姜、半夏等益气敛肺、温阳化饮药同用。

3. 虚劳

本品有补养气血作用，故常用于治疗虚劳短气、不思饮食、手足逆冷、烦躁口干等症，常与山茱萸、人参、地黄等补虚药配伍，如紫芝丸（《圣济总录》）。

（二）食用价值

1. 灵芝水煎法

将灵芝切碎（灵芝切片），加入罐内，加水，熬水服，一般煎服3～4次；也可以连续水煎3次，装入温水瓶慢慢喝，每天喝多少都无限制，有利于治疗甲亢、失眠、便溏、腹泻等症。

2. 灵芝泡酒

将灵芝剪碎（灵芝切片）放入白酒瓶中密封浸泡，三天后，白酒变成红棕色时即可喝，还可加入一定的冰糖或蜂蜜，适于神经衰弱、失眠、消化不良、咳嗽气喘、老年性支气管炎等症。

3. 灵芝炖肉

猪肉、牛肉、羊肉、鸡肉等都可以加入灵芝炖，按各自的饮食习惯加入调料，喝汤吃肉，有益于肝硬化、消化不良、咳嗽气喘、老年性支气管炎等症。

4. 灵芝炖汤

白木耳、山药、红枣、蘑菇等都可以加入灵芝炖，按各自的饮食习惯加入调料，喝汤。用于治疗咳嗽，心神不安，失眠梦多、怔忡、健忘，滋补肺、胃，活血润燥，强心补脑，防癌抗癌，降血压，降血脂，预防冠心病等。

5. 其他

野灵芝5～10克，将灵芝切片，沸水冲泡代茶饮。功效：补中益气，益寿延年。

灵芝10克，蜂蜜20克。灵芝加水400毫升，煎煮20分钟后，加入蜂蜜，温饮代茶，每日1剂，长期服用。功效：补虚强身，安神定志。

灵芝6克，白糖适量。灵芝切成薄片，水熬两次，取头煎二煎液合并，加入适量白糖。每日1剂，分早晚两次服完。可治疗癫痫、冠心病、神经衰弱等症。

参考文献

[1] LY/T 2476—2015. 中华人民共和国林业行业标准灵芝短段木栽培技术规程[S].

[2] GB/T 29344—2012. 中华人民共和国国家标准灵芝孢子粉采收及加工技术规范[S].

[3] 金鑫, 刘宗敏, 黄羽佳, 等. 我国灵芝栽培现状及发展趋势[J]. 食药用菌, 2016, 24（01）: 33–37.

[4] 梁晋谊, 成传荣, 许克勇, 等. 灵芝的工厂化栽培技术[J]. 食用菌, 2015, 37（03）: 30–31.

[5] 魏银初, 班新河, 李久英, 等. 段木灵芝模式化栽培技术[J]. 食用菌, 2010, 32（02）: 46–47.

[6] 刘国辉, 谢宝贵, 李晔, 等. 有机灵芝栽培技术[J]. 海峡药学, 2010, 22（01）: 71–73.

[7] 吴晓明, 方树平. 仿野生灵芝栽培技术[J]. 浙江食用菌, 2008（03）: 42–43.

[8] 叶向花, 杨勇岐. 灵芝栽培新技术[J]. 现代农业科技, 2007（16）: 46.

金银花
jin yin hua

本品为忍冬科植物忍冬 *Lonicera japonica* Thunb. 的干燥花蕾或带初开的花。

一、植物特征

半常绿藤本；幼枝暗红褐色，密被黄褐色、开展的硬直糙毛、腺毛和短柔毛，下部常无毛。叶纸质，卵形至矩圆状卵形，有时卵状披针形，稀圆卵形或倒卵形，极少有1至数个钝缺刻，长3～5（～9.5）厘米，顶端尖或渐尖，少有钝、圆或微凹缺，基部圆形或近心形，有糙缘毛，上面深绿色，下面淡绿色，小枝上部叶通常两面均密被短糙毛，下部叶常平滑无毛而下面多少带青灰色；叶柄长4～8毫米，密被短柔毛。总花梗通常单生于小枝上部叶腋，与叶柄等长或稍较短，下方者则长达2～4厘米，密被短柔毛，并夹杂腺毛；苞片大，叶状，卵形至椭圆形，长达2～3厘米，两面均有短柔毛或有时近无毛；小苞片顶端圆形或截形，长约1毫米，为萼筒的1/2～4/5，有短糙毛和腺毛；萼筒长约2毫米，无毛，萼齿卵状三角形或长三角形，顶端尖而有长毛，外面和边缘都有密毛；花冠白色，有时基部向阳面呈微红色，后变为黄色，长（2～）3～4.5（～6）厘米，唇形，筒稍长于唇瓣，很少近等长，外被多少倒生的开展或半开展糙毛和长腺毛，上唇裂片顶端钝形，下唇带状而反曲；雄蕊和花柱均高出花冠。果实圆形，直径6～7毫米，熟时蓝黑色，有光泽；种子卵圆形或椭圆形，褐色，长约3毫米，中部有1凸起的脊，两侧有浅的横沟纹。花期4～6月（秋季亦常开花），果期10～11月。（图1，图2）

图1　忍冬植株

图2　忍冬花

二、资源分布概况

除黑龙江、内蒙古、宁夏、青海、新疆、海南和西藏无自然生长外，全国各地均有分布。

忍冬是一种具有悠久历史的常用中药，始载于《名医别录》，列为上品。"金银花"一名始见于李时珍《本草纲目》，在"忍冬"项下提及，因近代文献沿用已久，现已公认为本药材的正名。此外，尚有"银花""双花""二花""二宝花""双宝花"等药材名称。目前，全国作为商品出售的金银花原植物总数不下17种（包括亚种和变种），而以本种分布最广，销售量也最大。商品药材主要来源于栽培品种，以河南的"南银花"或"密银花"和山东的"东银花"或"济银花"产量最高，品质也最佳，供销全国并出口。野生品种来自华东、华中和西南各省区，总称"山银花"或"上银花"，一般自产自销，亦有少量外调。近年来因药材供不应求，不少地区正积极开展引种栽培，金银花的产区日见扩大。

三、生长习性

金银花的适应性很强，对光、热、湿度条件要求不高，只要满足年均光照时数在1300～1800小时，年均降雨量在1000毫米左右，均可良好生长。金银花对土壤要求不严，山坡、梯田、地堰、堤坝、瘠薄的丘陵都可栽培。以土质疏松、土壤肥沃、排水良好的沙质土壤最为适宜，最佳栽培海拔为600～1200米。野生金银花多生于较湿润的地带，如溪河两岸、湿润山坡灌丛、疏林中。故农谚讲："涝死庄稼旱死草，冻死石榴晒伤瓜，不会影响金银花"。

四、栽培技术

（一）种植材料

应采用无性繁殖培育的优良品系苗木，通常忍冬扦插育苗，灰毡毛忍冬嫁接或组培苗。

扦插或嫁接苗木规格：一年生苗，苗木径粗不低于0.6厘米，高度不低于40厘米，色泽正常，顶芽完好，根系完整，须根发达，无检疫性病虫害，无机械损伤。

组培育苗则为容器苗，应健壮，根系发达。

（二）选地与整地

根据地形特点进行栽植前整地。平地及坡度在5°以下的缓坡地，宜全垦，用挖掘机清除树桩、草根，悬耕机深耕25～30厘米。然后挖穴栽植，栽植行为南北向；丘陵地或山地，可采用梯田、水平阶或穴状整地等方式，栽植行沿等高线延长。开穴或挖栽植沟，穴（沟）深30～40厘米。

栽植前，每穴（株）施入腐熟的堆肥或厩肥等有机质肥料5～10千克作基肥。

栽植密度要依据土壤条件、肥水条件、田间管理水平、地理环境条件、品种特性等因素综合考虑确定。生产上常用的栽植密度为株距1～1.5米，行距1.5～2米。

（三）栽植时间

晚秋或冬季金银花休眠期至春季立春后升温至萌芽前可进行移栽，但应避开最寒冷冰冻时节。

（四）栽前苗处理

起苗后修剪去除过长主根，苗干留20～30厘米截顶，嫁接苗应剪除砧木蘖枝，适度修剪过长根系，可用2%石灰水浸5分钟消毒，用少量钙镁磷肥拌黄泥浆（磷肥浓度2%～3%）沾根，也可用生根粉30毫克/千克溶液调泥浆沾根，然后放置背风阴处待栽。

（五）栽植方法

将苗木扶正栽入穴内，栽植时边填土边轻轻向上提苗、踏实，使根系与土壤密接。栽植深度以土壤沉实后超过该苗木原入土深度1～2厘米为宜，嫁接苗的栽植深度以嫁接口露出地面为度。栽植后及时浇透定植水，表面再覆盖松土。

（六）田间管理

1. 中耕除草

每年中耕3～4次，分别在春、夏、秋季进行，结合中耕进行除草。植株近处浅锄，远处深锄，除草以早锄为原则。同时，早春与秋末结合中耕除草于植株根际处培土，以提高地温，防旱保墒，促使根系发育。

对杂草特别多的山谷、退耕田块，宜用稻草或药渣等有机质材料覆盖，既减少杂草，同时也可起到保湿、夏季降温、冬季保温的作用。

2. 施肥

基肥：每年秋季至冬灌前施用，肥料种类以腐熟的有机肥为主。1～3年生幼树，每年穴施5～10千克；成龄树每年穴施10～20千克。

追肥：每年追肥3～4次。第一次在早春萌芽前后，以后在每茬花采完后分别进行一次追肥。追肥分土壤追肥和叶面喷施2种。

土壤追肥前几次每次每穴施腐熟有机肥5千克，尿素和钙镁磷肥各50～100克，最后一次每穴施腐熟有机肥5千克，钙镁磷肥和硫酸钾各50～100克。

每茬花蕾出现时，根据营养状况，叶面喷施0.2%～0.5%尿素与0.3%～0.5%的磷酸二氢钾混合液或其他微肥，喷洒部位应以叶背为主，晴天在10:00以前或16:00以后进行，阴天可全天喷施。

3. 排灌

山谷、退耕田等低洼积水之地，雨季要注意开沟排水降渍。出现严重干旱要及时灌水，尤其幼树耐旱能力较差，应注意抗旱。

4. 整形修剪

（1）幼树期修剪　以整理树形，培养骨干枝、结果枝组为主。定植后，在20～30厘米定干，培养主枝3～4个，利用二次枝，每个主枝培养侧枝3～4个，继续在侧枝上剪留开花母枝，通过3年左右时间，培养成干高30～40厘米，主次分明，结果枝配备合理的伞形或半球型树冠。通过合理整形修剪，树高控制在1.5米左右，以方便采摘。

（2）成龄期修剪　冬季剪除病虫枝、干枯枝、徒长枝、重叠枝、下垂枝、纤弱枝，选留健壮的开花母枝，去弱留强，短剪开花母枝，保留3～5节。夏季修剪在每茬花采摘后进行，修剪要轻，以短剪为主，疏剪为辅，剪除花枝顶端，促进形成新的花枝。同时及时去除根茎部的萌蘖和主干、骨干枝上的萌芽，以免形成徒长枝，消耗养分。

（3）衰老期修剪　疏除老枝和枯枝，进行骨干枝的更新复壮，培养新的骨干枝，并及时清除根茎部的萌蘖。

（4）修剪时期　冬季修剪在最寒冷季节过后至春季萌动前。适度重剪以培养树形为主。生长期分别在采收花后进行，以轻剪为主，促进新梢萌发而增加开花。

忍冬种植基地见图3。

图3　忍冬种植基地

五、采收加工

1. 采收

（1）采收时间　采花时间在上午9～12时，有露水时和降雨天不宜采，如有烘干设备也可采摘。上午采的花青白色，质重，容易干燥，香气浓厚，出商品率高，质量好。中午以后和阴天采的花质较差，加工率低。从花的发育过程看，习惯分为青蕾、绿白、大白针、银花、金花、凋萎花几种情况。以花蕾上部膨大，长成棒状，青白色时为佳，习称为大白针。这时花即将开放，为最佳采摘时间，可以加工出优质商品。

（2）采收方法　采摘时用竹篮或藤笼，不能用布袋、塑料袋、纸盒装，以防受热生潮，体内的酶和蛋白质发酵，变色生霉。花蕾和花组织很嫩，必须轻采轻放，忌用手捋捏紧压，以免影响质量。

2. 加工

采后随即进行干燥，晴天晾晒。用竹席或草席摊薄晾晒，厚度1厘米，不能多翻动。七成干时放在明处散热发汗，再复晒至干。达到花不变脆和破烂为度。阴天雨天须微温烘干，先以35～40℃微温烘2～3小时，再升高到温度50℃烘至9成干，不破损。在种植面积大和产区应建烘房，严防发霉，提高商品质量。一般6～7千克鲜花出1千克商品。

六、药典标准

1. 性状

本品呈棒状，上粗下细，略弯曲，长2～3厘米，上部直径约3毫米，下部直径约1.5毫米。表面黄白色或绿白色（贮久色渐深），密被短柔毛。偶见叶状苞片。花萼绿色，先端5裂，裂片有毛，长约2厘米。开放者花冠筒状，先端二唇形；雄蕊5，附于筒壁，黄色；雌蕊1，子房无毛。气清香，味淡、微苦。（图4）

图4　金银花药材

2. 鉴别

显微鉴别　本品粉末浅黄棕色或黄绿色。腺毛较多，头部倒圆锥形、类圆形或略扁圆形，4～33细胞，成2～4层，直径30～64（～108）微米，柄部1～5细胞，长可达700微米。非腺毛有两种：一种为厚壁非腺毛，单细胞，长可达900微米，表面有微细疣状或泡状突起，有的具螺纹；另一种为薄壁非腺毛，单细胞，甚长，弯曲或皱缩，表面有微细疣状突起。草酸钙簇晶直径6～45微米。花粉粒类圆形或三角形，表面具细密短刺及细颗粒状雕纹，具3孔沟。

3. 检查

（1）水分　按2020年版《中国药典》四部通则0832第四法测定，不得过12.0%。

（2）总灰分　按2020年版《中国药典》四部通则2302测定，不得过10.0%。

（3）酸不溶性灰分　按2020年版《中国药典》四部通则2302测定，不得过3.0%。

（4）重金属及有害元素　照铅、镉、砷、汞、铜测定法（按2020年版《中国药典》四部通则2321原子吸收分光光度法或电感耦合等离子体质谱法）测定，铅不得过5毫克/千克；镉不得过1毫克/千克；砷不得过2毫克/千克；汞不得过0.2毫克/千克；铜不得过20毫克/千克。

七、仓储运输

1. 仓储

仓库应具有防虫、防鼠、防鸟的功能；要定期清理、消毒和通风换气，保持洁净卫生；不应与非绿色食品混放；不应和有毒、有害、有异味、易污染物品同库存放；在保管期间如果水分超过12%、包装袋打开、没有及时封口、包装物破碎等，导致金银花吸收空气中的水分，发生返潮、结块、褐变、生虫等现象，必须采取相应的处理措施。

2. 运输

运输车辆的卫生合格，温度在16～20℃，湿度不高于30%，具备防暑、防晒、防雨、防潮、防火等设备，符合装卸要求；进行批量运输时不应与其他有毒、有害、易串味物质混装。

八、药材规格等级

根据加工方式，将金银花药材分为"晒货"和"烘货"两个规格；并根据开花率、枝叶率和黑头黑条率进行等级划分。具体分级标准如下。

1. 晒货

一等　花蕾呈棒状，上粗下细，略弯曲，花蕾肥壮饱满、匀整，表面黄白色。气清香，味甘微苦。无开放花、无枝叶、无黑头黑条、无破碎花蕾；无虫蛀、霉变，杂质不得过3%。

二等　花蕾呈棒状，上粗下细，略弯曲，花蕾饱满、较匀整，表面浅黄色。气清香，味甘微苦。花开放率、枝叶率和无黑头黑条率均≤1%；无虫蛀、霉变，杂质不得过3%。

三等　花蕾呈棒状，上粗下细，略弯曲，花蕾欠匀整，表面色泽不分。气清香，味甘微苦。花开放率≤2%，枝叶率和无黑头黑条率均≤1.5%；无虫蛀、霉变，杂质不得过3%。

2. 烘货

一等　花蕾呈棒状，上粗下细，略弯曲，花蕾肥壮饱满、匀整，表面青绿色。气清香，味甘微苦。无开放花、无枝叶、无黑头黑条、无破碎花蕾；无虫蛀、霉变，杂质不得过3%。

二等　花蕾呈棒状，上粗下细，略弯曲，花蕾饱满、较匀整，表面绿白色。气清香，味甘微苦。花开放率、枝叶率和无黑头黑条率均≤1%；无虫蛀、霉变，杂质不得过3%。

三等　花蕾呈棒状，上粗下细，略弯曲，花蕾欠匀整，表面色泽不分。气清香，味甘微苦。花开放率≤2%，枝叶率和无黑头黑条率均≤1.5%；无虫蛀、霉变，杂质不得过3%。

九、药用和食用价值

（一）药用价值

1. 风热感冒

症见发热微恶寒，汗出不畅，头痛昏沉，咳嗽痰黏或黄，咽燥或咽喉肿痛，鼻塞流浊涕，口干渴，舌质红，苔白或黄，脉浮数，常与其他辛凉解表药同用，如银翘散等。

2. 温病初起

症见发热头痛，稍有恶风寒，无汗，口渴，咽喉肿痛，咳嗽等，可与柴胡、黄芩、板蓝根、牛蒡子等清热解毒药同用。

3. 痈疮疖肿

症见皮肤出现圆形小结节或突然肿胀，伴有恶寒、发热者，常与防风、白芷、炮山甲、皂刺等同用，如仙方活命饮。

4. 咽喉肿痛

症见咽喉肿痛，发热，头痛者，常与连翘、黄芩、马勃、板蓝根、牛蒡子等同用。

5. 热毒血痢

症见发病急骤，壮热口渴，头痛，腹痛剧烈，下痢脓血，里急后重，常与黄连、黄芩、白芍、防风等同用。

（二）食用价值

金银花可用于制作饮料、粥、羹及甜食。

1. 金银花露

取金银花50克，加水1500毫升，浸泡半小时，然后先猛火、后小火煎熬30分钟，加冰糖后放入冰箱备用，味甜清香，是夏季上乘保健饮料，此茶有清热解暑、解毒、凉血止渴作用，可治疗暑热口渴、热毒疮肿、小儿热疖、痱子等症。

2. 银花薄荷饮

取金银花30克，薄荷10克，鲜芦根60克，先将金银花、芦根加水500毫升煮15分钟，再下薄荷煮3分钟，滤出加适量白糖温服。此饮料有清热、凉血解毒、生津止渴功效，适于风热感冒、温病初起，高热烦渴的患者服用。

3. 银花莲子羹

金银花25克，莲子50克，白糖适量，先将莲子用温水浸泡去芯，用旺火烧沸，再转小火煮熬至莲子熟烂，随后放入洗净金银花煮5分钟后加白糖调匀即成，此羹具有清热解毒、健脾止泻功效。

4. 金银花山楂饮

金银花30克，山楂20克，蜂蜜适量，将金银花、山楂入锅加水旺火烧沸15分钟后，将药汁放入锅内，烧沸后加入蜂蜜，代茶饮，能清热消食，通肠利便。

5. 金银花粥

取金银花20克，加水煮汁去渣，粳米100克加水煮半熟时，兑入金银花汁，继续煮烂成粥，此粥有清热解毒功效，适应于风热感冒、慢性支气管炎、菌痢及肠道感染等患者服用。

参考文献

[1] 胡伟民. 金银花的用途及其栽培技术应用[J]. 现代农业，2018（4）：8-9.
[2] 管先军，李爱英，王伟东. 濮阳县金银花早期高产栽培技术[J]. 中国农技推广，2018，34（03）：48-50.
[3] 孙燕霞. 金银花高产栽培技术[J]. 现代农业，2017，（12）：12-13.
[4] 王玲娜，张永清. 金银花的植物特征及生物学特性[J]. 安徽农业科学，2017，45（17）：110-111.
[5] 何青松. 金银花的用途及其栽培技术应用[J]. 中国农业信息，2016，（15）：121.

泽泻
ze xie

本品为泽泻科植物东方泽泻*Alisma orientale*（Sam.）Juzep. 或泽泻*Alisma plantago-aquatica* Linn. 的干燥块茎。

一、植物特征

泽泻

多年生水生或沼生草本。块茎直径1~3.5厘米，或更大。叶通常多数；沉水叶条形或披针形；挺水叶宽披针形、椭圆形至卵形，长2～11厘米，宽1.3～7厘米，先端渐尖，稀急尖，基部宽楔形、浅心形，叶脉通常5条，叶柄长1.5～30厘米，基部渐宽，边缘膜质。花葶高78～100厘米，或更高；花序长15～50厘米，或更长，具3～8轮分枝，每轮分枝3～9枚。花两性，花梗长1～3.5厘米；外轮花被片广卵形，长2.5～3.5毫米，宽2～3毫米，通常具7脉，边缘膜质，内轮花被片近圆形，远大于外轮，边缘具不规则粗齿，白色，粉红色或浅紫色；心皮17～23枚，排列整齐，花柱直立，长7～15毫米，长于心皮，柱头短，约为花柱的1/9～1/5；花丝长1.5～1.7毫米，基部宽约0.5毫米，花药长约1毫米，椭圆形，黄色，或淡绿色；花托平凸，高约0.3毫米，近圆形。瘦果椭圆形，或近矩圆形，长约2.5毫米，宽约1.5毫米，背部具1～2条不明显浅沟，下部平，果喙自腹侧伸出，喙基部凸起，膜质。种子紫褐色，具凸起。花果期5～10月。（图1～图3）

图1　泽泻植株

图2　泽泻花

图3　泽泻根茎

二、资源分布概况

泽泻主要分布于黑龙江、吉林、辽宁、内蒙古、河北、山西、陕西、新疆、云南等地。生于湖泊、河湾、溪流、水塘的浅水带，沼泽、沟渠及低洼湿地亦有生长。

栽培泽泻主产区有福建、四川、江西等地。此外，贵州、云南等地亦产。商品中以福建、江西产者称"建泽泻"，个大，圆形而光滑；四川、云南、贵州产者称"川泽泻"，个较小，皮较粗糙。一般认为建泽泻品质较佳，为道地药材。

三、生长习性

泽泻为水生植物，喜生长在温暖地区，耐高温，怕寒冷，喜肥沃而稍带黏性的土壤，幼苗期喜荫蔽，移栽后喜光照充足的环境，全生育期150～160天，其中苗期约40天，大田生长期110～120天。

种子成熟期不一致，干种子不出苗，隔年种子发芽率降低。发芽适温20℃，1～2天发芽，生长适温20～25℃，0℃以下易受冻害，水肥条件好的当年可完成生育期。

四、栽培技术

（一）种植材料

生产以种子繁殖为主，育苗移栽。

1. 育苗

6～7月播种，选中等成熟度的种子作种，播前将选好的种子用纱布包好，放流动清水中冲洗1～2天，取出后晾干表面水分，拌10～20倍种子量的细沙或草木灰后撒于苗床上，播后用扫帚拍打畦面，使种子入土，防止被水冲走，阳光过强可于畦边插荫蔽物，每亩用种量0.25千克，约3天后幼芽出土。一般育苗田与大田的比为1：25。

2. 移栽

于8月下旬收获早稻后，于阴雨天或晴天下午带泥挖起健壮幼苗，去掉脚叶、病叶、枯叶。一般按行株距30厘米×25厘米，每穴栽苗1株，苗要浅栽入泥2～3厘米深，栽直、栽稳，定植后田间保持浅水勤灌。

3. 苗期田间管理

泽泻苗期需遮阴，可在苗床上搭棚或插杉树条遮阴，郁闭度控制在60%左右。1个月后可逐步拆除阴棚，苗期需常滋润畦面，可采用晚灌早排法，水以淹没畦面为宜，苗高2厘米左右时，浸1～2小时后即要排水，随着秧苗的生长，水深可逐渐增加，但不得淹没苗尖。当苗高3～4厘米时，即可进行间苗，拔除稠密的弱苗，保持株距2～3厘米，结合间苗进行除草和追肥2次，第一次每亩施稀薄人畜粪1000千克或硫酸铵5千克兑水1000千克浇苗床，施肥勿浇在苗叶上，第二次可在20天后再追施1次，追肥前排尽田水，肥液下渗后再灌浅水。

（二）选地与整地

泽泻种植地宜选择排灌方便、水源有保证、阳光充足、土壤肥沃、保水保肥性较强的稻田。在中稻、早熟晚稻收获后带稻秆翻犁，经15～20天沤田，待稻秆腐烂后，每亩施腐熟厩1500～2000千克作基肥，再进行1～2次耙田，使泥土溶烂，肥泥混合均匀即可。

（三）园地管理

1. 补苗

插后2～3天，认真检查，发现浮苗、倒苗应立即扶正栽稳，缺苗则及时补栽。

2. 耘田施肥

秋、冬泽泻栽培通常耘田、除草、追肥3次。掌握先施肥后耘田除草的原则。第一次在插秧后15天左右。施肥时先把水排干，每亩施腐熟人畜粪水750千克兑水泼施，或尿素5千克在根旁点施。隔20天后施第二次，每亩施腐熟人畜水1.5千克，或尿素15千克，氯化钾15千克。第三次在植株生长旺盛期，每亩施腐熟人畜粪水2000千克，氯化钾30千克或复合肥30千克。每次施后耘田除草。

3. 灌溉排水

插秧后保持水深2～3厘米，第二次施肥耘田后，保持水深3～5厘米；第三次施肥耘田后，是块茎膨大期，田水深保持1厘米左右，并适当排干水晒田2～3天，促进块根生长。

4. 除侧芽打薹

第二次施肥耘田后，应将植株基部长出的侧芽及时除去，有抽出花薹的植株也应及时摘除，减少养分消耗，而利块茎生长。

泽泻种植基地见图4。

图4　泽泻种植基地

（四）留种技术

1. 分株留种法

泽泻收获时，从田间选取生长健壮、无病虫害、块茎肥大的植株作为留种株，收获时单独挖起，割除枯萎茎叶，选比较潮湿的地块，开7～10厘米深的沟，将块茎斜栽入，栽后覆秸秆保温防冻，待第二年块茎萌发新苗高约20厘米时，按苗切块分株，移栽于田内，按株行距30厘米×40厘米移栽，待果实成熟后，连梗采下，扎成小把，置通风干燥处阴干脱粒即可。

2. 块茎留种法

按分株留种法选株，除去茎叶，将块茎移栽于肥沃的留种田内，第二年春出苗后，摘除侧芽，留主芽待抽薹开花结果，6月下旬果实成熟，脱粒阴干即可。

五、采收加工

1. 采收

移植后120～140天即可收获。秋种泽泻在11～12月份叶片枯萎后采收，冬种泽泻则在次年2月份新叶未长出前采收。采收时用镰刀划开块茎周围的泥土，用手拔出块茎，去除泥土及周围叶片，但注意保留中心小叶。

2. 加工

可先晒1～2天，然后用火烘焙。第一天火力要大，第二天火力可稍小，每隔1天翻动1次，第三天取出放在撞笼内撞去须根及表皮，然后用炭火焙，焙后再撞，直到须根、表皮去净及相撞时发出清脆声即可，折干率25%。以个大、色黄白、光滑粉性足者为佳。

六、药典标准

1. 性状

本品呈类球形、椭圆形或卵圆形，长2～7厘米，直径2～6厘米。表面淡黄色至淡黄棕色，有不规则的横向环状浅沟纹和多数细小突起的须根痕，底部有的有瘤状芽痕。质坚实，断面黄白色，粉性，有多数细孔。气微，味微苦。（图5）

2. 鉴别

显微鉴别　本品粉末淡黄棕色。淀粉粒甚多，单粒长卵形、类球形或椭圆形，直径3～14微米，脐点人字状、短缝状或三叉状；复粒由2～3分粒组成。薄壁细胞类圆形，具多数椭圆形纹孔，集成纹孔群。内皮层细胞垂周壁波状弯曲，较厚，木化，有稀疏细孔沟。油室大多破碎，完整者类圆形，直径54～110微米，分泌细胞中有时可见油滴。

图5　泽泻药材

3. 检查

（1）水分　不得过14.0%。

（2）总灰分　不得过5.0%。

4. 浸出物

用乙醇作溶剂，按热浸法测定，不得少于10.0%。

七、仓储运输

1. 仓储

仓库应具有防虫、防鼠、防鸟的功能；要定期清理、消毒和通风换气，保持洁净卫生；不应和有毒、有害、有异味、易污染物品同库存放；在保管期间如果水分超过14%、包装袋打开、没有及时封口、包装物破碎等，导致泽泻吸收空气中的水分，发生返潮、结块、褐变、生虫等现象，必须采取相应的处理措施。

2. 运输

运输车辆的卫生合格，温度在16~20℃，湿度不高于30%，具备防暑、防晒、防雨、防潮、防火等设备，符合装卸要求；进行批量运输时不应与其他有毒、有害、易串味物质混装。

八、药材规格等级

江西产的泽泻为建泽泻，市场共分为四个等级，具体分级标准如下。

特等　多为椭圆状，每千克25个以内（单个≥40g）。表面黄白色或灰白色，具不规则横向环状浅沟纹和细小凸起的须根痕。质坚实，相互碰撞有清脆声响。断面黄白色或淡黄色，粉性。气微，嚼之味微苦。无双花、焦枯、杂质、虫蛀、霉变。

一等　多为椭圆状或类球状。每千克33个以内（单个≥30g）。其他同"特等"。

二等　多为不规则球状或椭圆状，间有双花。每千克75个以内（单个≥10g）。偶有轻微焦枯，不超过5%。其他同"特等"。

统货　为椭圆状或类球状或含双花。表面黄白色或黄灰色，有不规则横向环状环和细小凸起的须根痕和瘤状芽痕。每千克75个以内（单个≥10克）。质坚实，相互碰撞有清脆的声响。断面黄白色或淡黄色，粉性。气微，嚼之味微苦。偶有轻微焦枯，不超过5%。无杂质、虫蛀、霉变。

九、药用和食用价值

（一）药用价值

1. 小便不利，水肿胀满

本品甘淡渗湿，入肾、膀胱经，利水作用较强，对于水湿停蓄所致之水肿，小便不利等常与茯苓、猪苓等同用，方如《丹溪心法》四苓散，若妇人妊娠遍身浮肿，气喘息促，大便难，小便涩，配桑白皮、槟榔、赤茯苓，即《妇人良方》泽泻散。若治膨胀水肿，以之与白术为末，茯苓汤送下，如《素问·病机保命集》白术散。

2. 痰饮泄泻

本品渗利水湿，能行痰饮。用于心下支饮症见头目昏眩者，与白术相伍，如《金匮要略》泽泻汤；若痰饮积于下焦，脐下怵动，头眩吐涎者，治以《伤寒论》五苓散。本品利小便而能实大便，对于湿盛泄泻，与赤茯苓、车前子、茵陈同用，如《世医得效方》通苓散；而伤湿夹食滞之腹胀泄泻，配伍苍术、厚朴、陈皮等同用，如《丹溪心法》胃苓汤；治感冒霍乱吐泻，则与茯苓、白术同用，如《本草纲目》三白散。

3. 带下淋浊，阴虚火亢

本品甘淡性寒，入肾与膀胱，泄两经之热，既能清利膀胱湿热，又能泻肾经虚火。治下焦湿热之淋证，常与车前子、木通、黄柏同用；若阴虚有热之淋沥涩痛，治以《伤寒论》猪苓汤；若治虚劳腰重，小便淋沥，如《太平圣惠方》泽泻散，以本品配伍丹皮、木通、榆白皮等同用。对肾阴不足，相火偏亢之遗精盗汗、耳鸣腰酸，常与熟地、山萸肉等同用，如《小儿药证直诀》六味地黄丸。

（二）食疗与保健价值

1. 扁豆薏米猪苓泽泻煲猪骨

原料：扁豆、薏米各80克，猪苓、泽泻各12克，红枣5个，猪骨500克，生姜3片。

制法：各物分别洗净，药材浸泡；红枣去核；猪骨敲裂。一起下瓦煲，加清水2500毫升（约10碗量），武火滚沸后改文火煲约2小时，下盐便可。为3～4人用。

功效：有清热、渗湿、滋润、补益等作用。

2. 老冬瓜鲜荷叶猪苓泽泻鲫鱼汤

原料：老冬瓜800克，鲜荷叶1/2块，猪苓、泽泻各12克（中药店有售），薏米80克，鲫鱼1条，猪瘦肉100克，生姜3片。

制法：各物洗净，冬瓜连皮、籽切块；中药和薏米稍浸泡；鲫鱼宰洗净，煎至微黄。一起下瓦煲，加清水3000毫升（12碗量），武火滚沸后以文火煲两个半小时，下盐便可。为3～5人用。

功效：有清热、消暑、祛湿的作用。

3. 美味消脂汤

原料：泽泻，党参，车前子（用布包好），淮山药，山楂，瘦肉（不带肥油的瘦肉）。

制法：将全部材料以3大碗水，煮2～3小时，水滚后转小火继续炖。炖好食用。

功效：可消除体内多余的脂肪。

4. 泽泻粥

原料：泽泻10克，大米100克，白糖少许。

制法：将泽泻择净，放入锅中，加清水适量，水煎取汁，加大米煮粥，待熟时调入白糖，再煮一、二沸即成，每日1～2剂。

功效：用于小便不利，水肿，泄泻，淋浊，带下，痰饮及肾阴不足，相火亢盛所致的遗精、眩晕等症。

5. 龙胆泽泻酒

原料：龙胆草、黄芩各30克，泽泻10克，山栀子、车前子、木通、生地黄、当归各适量，黄酒适量。

制法：热浸法制取。每日3次，每次20～30毫升。月经前1周末尾服用。

功效：主要用于女性痛经。

6. 轻休虾

原料：虾仁，泽泻，胡萝卜，黄瓜，山楂。

制法：虾仁用精盐、味精、湿淀粉上浆；山楂、泽泻泡后切片；虾仁用干淀粉包匀；锅中放油烧热，虾仁下锅炸至呈金黄色时捞出，沥去油；放入山楂片、泽泻片、胡萝卜片颠翻；再投入虾仁一起翻炒即可。

功效：具有益肾开胃、活血利水的作用。

参考文献

[1] 叶丽荣. 泽泻高产栽培技术[J]. 现代农业科技，2013，（12）：79，86.

[2] 罗新华，陈瑞云. 泽泻栽培技术[J]. 福建农业，2010（06）：20-21.

[3] 葛有茂. 建泽泻规范化栽培管理研究[D]. 福州：福建农林大学，2004.

本品为芸香科植物酸橙*Citrus aurantium* L. 及其栽培变种的干燥未成熟果实，同时，其干燥幼果及甜橙*Citrus sinensis* Osbeck的干燥幼果为枳实的药材来源。现来源主要为酸橙*Citrus aurantium* L. 及栽培种臭橙*Citrus aurantium*'Xiucheng'、香橙*Citrus aurantium*'Xiangcheng'，酸橙栽培类型还有：黄皮酸橙*Citrus aurantium*'Huangpi'、代代花*Citrus aurantium*'Daidai'、朱栾*Citrus aurantium*'Zhuluan'、塘橙*Citrus aurantium*'Tangcheng'。"江枳壳"（臭橙、香橙）被公认为道地药材，"湘枳壳"产量较大，"川枳壳"（含重庆）也有质量较好品种；福建、广东等地尚有以枸橘的未成熟果实做枳壳用，称"绿衣枳壳"，其他少数有用柑橘属植物如香圆*C. wilsonii* Tanaka、甜橙*C. sinensi*（L.）Osbeck、红河橙*C. hongheensis* Y.L.D.L、宜昌橙*C. ichangensis* Swingle、蟹橙*C. junos* Tanka和柚*C. grandis*（L.）Osbeck等的未成熟果实或幼果也作枳壳用。

一、植物特征

常绿乔木，枝三棱状，有刺。叶互生，革质，卵状矩圆形或倒卵形，长5～10厘米，宽2.5～5厘米，全缘或具微波状齿，两面无毛，具半透明的腺点；叶柄有狭长形或倒心形的翅，花1至数朵簇生于当年新枝的顶端或叶腋；萼5；花瓣5，白色，有芳香；雄蕊约25枚，花丝基部部分愈合，柑果近球形，囊瓣9～13个，成熟果径7～9厘米，臭橙橙红色，果皮粗糙，香橙黄色，果皮较光滑。花期4～5月，果期9～12月。（图1～图3）

图1　臭橙植株

图2 香橙植株

图3 臭橙（上）、香橙（下）果实

二、资源分布概况

　　酸橙主要分布于秦岭以南各地。在江西基本为栽培，以沿河冲积平原砂壤土栽培为多，也可在房前屋后栽培，少数在山地栽培，主要种植品种为臭橙和香橙。枳壳药材主产于江西、重庆、湖南、四川、湖北、贵州等地。

三、生长习性

1. 环境条件

　　酸橙适宜生长于阳光充足、温暖湿润的气候环境。年平均气温在15℃以上为宜，生长最适合温度20～25℃，一般可耐-5℃极端低温；短时间也可忍受-10℃最低温度，在水分充足的条件下，40℃以上高温也不掉叶。喜湿润，降雨要求分布均匀，年雨量1000～2000毫米。性稍耐阴，但以向阳处生长较好，开花及幼果生长期，日照不足，易引起落花落果。土壤宜排水良好、疏松、湿润、土层深厚的砂质壤土和冲积土，pH6.0～7.5为好。栽植地可选平原、丘陵、缓坡山地。丘陵和山地应在栽植的前一年进行全面垦复。

　　酸橙树冠高大，根系分布深而广，枝叶生长旺盛，开花结果亦多，要求土壤有充足的肥料。

2. 生长发育习性

　　嫁接繁殖第3～5年可开花结实，种子繁殖第8～10年开花结实。

　　3～4月发新叶抽枝，4～5月开花，4月下旬至5月初为花盛期，花谢期形成幼果，落花落果较多，捡拾落果即可作枳实，7月小暑至大暑间采集青果即可作枳壳，果实至8～9月完全膨大，10～11月逐渐转色成熟。

四、栽培技术

（一）品种类型

　　据对江西主产区枳壳品种资源调查，有6种类型，为臭橙 C. aurantium 'Xiucheng'、香橙 C. aurantium 'Xiangcheng'、勒橙 C. aurantium 'Lecheng'、鸡子橙 C. aurantium 'Jizicheng'、柚子橙 C. aurantium 'Youzicheng' 和芝麻花橙 C. aurantium 'Zimahuacheng'。据对樟树市、

新干县、丰城市、遂川县等地栽培枳壳调查，现栽培枳壳基本属前两种类型，以臭橙最多，香橙次之。

对两种枳壳原植物的调查比较，其主要区别形态特征见表1。

表1　枳壳调查比较表

类型	树形	小枝刺	叶翼	叶	果
臭橙	塔形	多，小	小，不明显	小，蜡质多，近全缘，不明显的波状齿，基部阔楔形	皮粗糙，成熟红色
香橙	圆头	少，小	小，很不明显	较大，蜡质少，微有波状齿，基部钝圆形	皮稍平滑，成熟黄色

根据江西枳壳两种主要栽培种观察和研究，生长适应性以臭橙较强，结实能力以香橙较好；含黄酮类和生物碱成分则臭橙较高，含挥发油成分则香橙较高。

（二）选地与整地

1. 选地

（1）苗圃宜设在气候环境适宜，交通方便，有水源、电源，地势平坦、排水良好，并且未种过柑橘类苗木的地方。要求地下水位1米以下，土层厚50厘米以上，土壤疏松肥沃，有机质含量在每千克1.5克以上，质地宜壤土或沙壤土。

（2）育苗前整地，包括翻耕、平整、耙地，要求做到二犁二耙，深耕细整，清除草根、石块，地平土碎。先每亩施腐熟的猪、牛粪厩肥及堆肥等有机肥料1000～2000千克为基肥，然后翻耕土壤，深翻25～30厘米，于播前耙平，做成高20厘米、宽1.2米左右的苗床。整地后还要进行土壤消毒，在播种或移栽前的10～15天，选用硫酸亚铁、生石灰等土壤消毒剂处理。

2. 整地

种植地选择阳光充足、排水良好、疏松湿润、土层深厚的砂质壤土和冲积土为好。丘陵和山地应在栽植的前一年进行全面垦复。提前整地，让土壤熟化。应在前一年秋冬进行，整细整平，按行距3～4米，株距2～3米定点开穴，穴深50～60厘米，长宽各70厘米。栽植前，每穴施入腐熟的堆肥或厩肥50千克作基肥（如堆沤腐熟的火土、厩肥和少量钙镁磷混合肥），并与土拌匀。

（三）繁殖技术

嫁接繁殖或种子繁殖。为有效利用选出的优良类型，应嫁接繁殖育苗。

1. 种子采集与处理

选进入旺盛结果年龄、丰产优质、生长健壮、无病虫害的单株留种，在向阳面保留色泽亮、果大、表皮清洁、无病虫害的果实不作为枳壳采摘，于冬至后果实充分成熟时摘下留种，将鲜果摊放室内，待来年播种时从果实中洗出种子，剔除瘪粒，即可播种。也可堆置室内数日后，取出种子，洗净，晾干。用1份种子和3份湿润的细沙拌匀，放于木箱内进行层积处理。层积期间要经常翻动、检查，防止种子发霉腐烂。

2. 种子繁殖

一般春季条播。3月下旬至4月上旬，也可冬播，采种当年随采随播。播种前用1%高锰酸钾浸5～10分钟，再用清水洗净后播种。在整平的畦面上进行条播，按行距20厘米，横向开沟（4～5厘米），以每亩腐熟菜枯125千克、钙镁磷50千克混合均匀撒施沟中，播种量30～40千克/亩。播后用火土灰和肥土盖种，以不见种子为度，上面再铺一层稻草。天旱时经常洒水，保持苗床湿润。种子破土出苗达1/3后，及时揭去盖草。苗高5厘米左右时，开始间苗，去弱留强。最后按株距10～15厘米定苗（也可采用幼苗移栽育苗，按20厘米左右株行距定植于移栽圃，其他管理方法同）。播种育苗主要培育嫁接本砧等使用。

3. 嫁接繁殖

一般采用芽接和枝接。砧木可选择本砧或者枳 *Poncirus trifoliata*（L.）Raf.播种培育的一年生苗为砧木。砧木苗地径应0.4厘米以上。嫁接口以下砧桩高宜5～10厘米。接穗宜先选择好一批已开花结果的同一酸橙优良品系（如臭橙或香橙）健壮的母树，在选定的母本树冠外围中上部向阳处，剪取一年生的成熟夏秋梢或粗壮春梢为接穗，随采随接，或用湿沙贮藏。春季在3月下旬至4月下旬，秋季在8月中旬至9月中旬，以秋接为佳。秋季以单芽腹接为主，春季以单芽切接为主。

嫁接成活后，剪砧前应田间全面除草，在行间开约3厘米深的沟，适当施枯饼、复合肥，再盖土清沟。剪砧萌芽后，及时抹去废芽。幼苗嫩梢期可喷施0.2%尿素液，每15天左右浇施5%沼气液肥或2%尿素液一次；夏、秋间每月追肥1次，施肥量先淡后浓。后期多施磷、钾肥，少施氮肥。也可在夏、秋梢萌芽期及时用沼气液兑水追肥。在干旱时灌溉。经常性及时除草，前期应拔草，后期宜浅锄中耕。入冬前剪去未成熟的晚秋梢。在苗圃培育1年，一般苗高40厘米以上、地径0.6厘米以上可出圃定植。

利用嫁接苗栽植比实生苗提前4～5年进入始果期。一般为规范化种植统一良种，应采取嫁接培育同一优良品系苗木。

4. 苗期田间管理

经常性中耕除草，做到田间无杂草。适时适量灌溉，保持苗床湿润，不得有积水。幼苗2叶1心时可喷施0.2%尿素液。除草应经常进行，幼苗时应拔草，当苗高15厘米左右时，可深锄松土除草，并且结合追施1次充分腐熟的淡畜牧粪水（沼气池液肥或加EM菌的充分腐熟粪肥尤佳）。苗高30厘米左右后，只能浅锄除草，以免伤害根系。夏、秋间每月追肥1次，施肥量先淡后浓。后期多施磷、钾肥，少施氮肥，促使苗木生长健壮，增强抗寒能力。

苗期主要有柑橘潜叶蛾危害。药剂防治宜在幼虫期，晴天午后用药。可用溴氰菊酯、杀虫双、啶虫脒、吡虫啉等药剂。

冬季若下雪冰冻，要用稻草遮盖苗木，以防冻害。

（四）移栽定植

1. 种植时间

可于冬春季栽植，但应避开最寒冷阶段，宜在10月下旬至11月上旬或者2月下旬至3月上旬春季萌芽前进行移栽为好。应选阴天定植。

2. 种植密度

每亩50～90株。

3. 种植方法

起苗后苗木用钙镁磷肥拌黄泥浆沾根，也可在调泥浆时用生根粉溶液，有利于促进生根成活。可用3∶100 000的双吉尔生根粉溶液调泥浆。移栽时将苗木扶正栽入穴内，当填土至一半时，将幼苗轻轻往上提一下，使根系舒展，然后填土至满穴，用脚踏实，浇透定根水，表面再覆盖松土。

（五）田间管理

1. 中耕除草

对影响种植树生长的杂草应及时除草，以中耕除草为主，幼龄树一年中耕除草3～5次，成龄树一年1～2次。夏季高温、多湿、多雨时，宜少锄浅锄，防止园内积水烂根；雨季过后可适当深锄，以利保水防旱；冬季低温寒冷，杂草少，可结合施冬肥中耕除草一次，施后要培土，可保温防冻。

2. 补植

种植当年春、秋季，全面检查园地，发现死亡缺株应及时补植同品种苗木。

3. 套种

幼龄树园地，空地大，可套种花生、黄豆和蔬菜等，但套种作物与幼树应保持一定距离，不能影响幼树生长。成林树可套种红花草或牧草作绿肥，在绿肥植物生长茂盛时翻入土中作肥。套种作物收获后，将苗秆翻入土中作肥料。

4. 施肥

枳壳原植物耐肥，结果时消耗养分多，需肥量较大，应实行氮、磷、钾肥相结合，农家肥与化肥相结合的原则。追肥主要分三个时期。

（1）第一次施肥　3～4月间，施春肥，以速效氮肥为主，每株施尿素0.1千克左右，或者使用充分腐熟的畜牧粪肥。此时树生长旺盛，应避免损伤根系，施肥方法宜以树为中心开"十"字形浅沟施入土中。

（2）第二次施肥　时间在6月上旬，以复合肥为主，每株250克左右，也可施充分腐熟的畜牧粪尿肥。施肥方法与施春肥相同。

（3）第三次施肥（冬季施基肥）　施肥时间在"立冬"前，以充分腐熟的畜粪、厩肥、堆肥、塘泥等迟效农家肥为主（可加EM菌肥），每株再配合施硼磷肥（钙镁磷肥加0.5%硼砂）0.5～1千克。施肥方法采取树冠下挖环状沟埋施。

5. 整形修剪

合理的整形修剪，能改善树冠内膛通风透光条件，调节生长和结果关系，减少病虫危害，提高产量。

（1）幼年树的修剪　在幼树定植1～2年后，在幼树干高1米左右，短截中央主干，头一年选粗壮的3～4个枝条，培养成第一层骨干主枝，第二年再在第一层主枝50～60厘米处留枝梢4～5个，培养为第二层骨干主枝，然后在其上70～75厘米处选留5～6个枝梢，使之形成第三层骨干主枝。促进幼树茁壮生长，形成自然半圆形树冠。

（2）成年树的修剪　成年结果树的修剪，应掌握"强疏删，少短截，删密留疏，去弱留强"的原则，一般宜在早春进行，剪去枯枝、霉桩、病虫枝、荫蔽枝、丛生枝、下垂枝以及衰老和徒长枝。有目的地培养预备枝。经过修剪以后，要达到树体结构合理，冠形匀称，营养集中，空间能充分利用，改善树冠内通风透光条件，形成上下内外立体结果的丰产稳产树形。

（3）衰老树的修剪　以更新复壮为主，进行强度短截，删去细弱、弯曲的大枝，注意加强管理，培育好新梢，勤施肥松土，采取防治病虫危害等措施，促使当年能抽生充实的新梢，翌年可少量结果，第三年可逐渐恢复树势。

6. 合理排灌

4～6月梅雨季节，应及时做好清沟排水工作，不能积水。7～9月如出现严重干旱，要给予灌水。幼年树宜少量多次灌水，成年树可一次灌足水，要求达到水分浸透根系分布层为止。（图4）

图4　种植基地

7. 保花保果

酸橙坐果率很低，粗放管理下只有1.5%左右。增加坐果率，可采取以下措施：①在施足冬肥的基础上，适量的增施春肥。②花期可喷施0.15%硼酸，在花谢3/4时和幼果期，以5：100 000浓度的赤霉素加5：1000尿素水溶液进行根外追肥。或用1：100 000的2,4-二氯苯氧乙酸、5：1000的尿素、1：100过磷酸钙溶液、3：100草木灰过滤液、90%敌百虫1000倍液（适量）、40%乐果乳剂1000倍液（适量）组成混合液喷施于叶面，既可增加肥水，又能防治病虫危害。还可叶面喷施复合微肥加0.2%的磷酸二氢钾。③控制夏梢的抽生，当夏梢生长15厘米左右时摘心。

8. 防冻

枳壳树的根茎部位及秋梢易受冻害，入冬宜堆草皮、火土灰、猪牛粪，壅土护蔸，及时灌水防止冬旱，树干刷白（刷白剂配比为石灰：硫黄粉：水：食盐=10：1：60：0.2～0.3）。

五、采收加工

1. 采收

枳壳采果年限为25～40年，嫁接的枳壳树一般种植后3～5年可进入产果期，实生苗种植8～10年才进入产果期。

枳壳宜于7月上中旬适时采摘（小暑之后5～10天），则品质好，折干率和产量也较高。于晴天露水干后，手工采摘或用带网罩钩杆将果实摘下，置于箩筐或编织袋中带回加工。在枳壳采集之前每天收集自然脱落的果实，大的对开横切，小的保持完整，晒干或烘干即为枳实。

2. 初加工

采收将近成熟的果实，将采下的鲜果及时横剖两瓣，摊开在烈日下晒，宜"日晒夜露"，即白天晒果肉，晚上翻转使果皮受露水，以固定皮色。晒至6～7成干时，收回堆放一夜，使之发汗，再晒至全干即可。也可用烘干。

六、药典标准

1. 性状

本品呈半球形，直径3～5厘米。外果皮棕褐色至褐色，有颗粒状突起，突起的顶端有凹点状油室；有明显的花柱残迹或果梗痕。切面中果皮黄白色，光滑而稍隆起，厚0.4～1.3厘米，边缘散有1～2列油室，瓤囊7～12瓣，少数至15瓣，汁囊干缩呈棕色至棕褐色，内藏种子。质坚硬，不易折断。气清香，味苦、微酸。(图5)

图5　枳壳药材

2. 鉴别

显微鉴别　本品粉末黄白色或棕黄色。中果皮细胞类圆形或形状不规则，壁大多呈不均匀增厚。果皮表皮细胞表面观多角形、类方形或长方形，气孔环式，直径16～34微米，副卫细胞5～9个；侧面观外被角质层。汁囊组织淡黄色或无色，细胞多皱缩，并与下层细胞交错排列。草酸钙方晶存在于果皮和汁囊细胞中，呈斜方形、多面体形或双锥形，直径3～30微米。螺纹导管、网纹导管及管胞细小。

3. 检查

（1）水分　不得过12.0%。

（2）总灰分　不得过7.0%。

七、仓储运输

1. 包装

枳壳药材在包装前应再次检查是否已充分干燥，并清除劣质品及异物。包装要牢固、防潮，能保护品质。可使用编织袋或者根据出口或购货商的要求而定。在每件药材包装上，标明品名、规格、产地、批号、重量、生产与包装日期、生产单位，并附有质量合格的标志。每件30～50千克为宜。

2. 储藏运输

枳壳应置于室内干燥的地方贮藏，应有防潮设施。保存条件宜为阴凉库环境。商品安全水分为10%～12%。

贮藏期间应保持环境清洁，发现受潮，要及时晾晒或翻垛通风。有条件的地方可进行密封抽氧充氮养护。

运输工具或容器应具有较好的通气性，并保持干燥、清洁、无污染，并且应有防潮设施。应尽可能缩短运输时间。不得与其他有毒、有害物质混装。

八、药材规格等级

一等　呈半球形，直径3～5厘米。外果皮口面略翻卷，表面棕褐色至褐色，有颗粒状突起，突起的顶端有凹点状油室；具有明显的花柱残痕或果梗痕。切面中果皮黄白色，光滑而稍隆起，边缘散有1～2列油室，肉厚0.6～1.5厘米。质坚硬。气香浓郁，味苦、微酸。无虫蛀、霉变。

二等　呈半球形，直径3～5厘米。外果皮口面略翻卷，表面棕褐色至褐色，有颗粒状突起，突起的顶端有凹点状油室；具有明显的花柱残痕或果梗痕。切面中果皮黄白色，光滑而稍隆起，边缘散有1～2列油室，肉厚0.4～0.6厘米，质坚硬。气香淡，味苦、微酸。无虫蛀、霉变。

九、药用和食用价值

1. 药用价值

理气宽中，行滞消胀。用于胸胁气滞，胀满疼痛，食积不化，痰饮内停，脏器下垂。常用剂量为3～10克；但孕妇慎用。

凡伤寒痞气，胸中满闷者，多与桔梗相配，使升降结合，以宣通胸中气滞；凡胸中痰滞，气塞短气者，每与橘皮相伍，以化痰行气；若为痰饮兼有食积者，可与半夏、桔梗、官桂同用，以化痰理气蠲饮等。枳壳虽以降泄为用，但又降中有升，与益气升阳之人参、黄芪、升麻等同用，可治气虚下陷之胃下垂、脱肛、阴挺等。

2. 食用价值

（1）枳壳酱　在江西新干和樟树的民间，有将幼小的枳壳经冷水浸泡至近无苦味后，做成酱菜食用的习惯。

（2）牛肚枳壳砂仁汤

原料：牛肚250克，枳壳12克，砂仁2克，盐适量。

做法：牛肚洗净，切条备用。锅中加入适量水，放入砂仁、枳壳和牛肚后大火煮沸，然后转小火继续煮约2小时。食用时加入适量盐调味即可。

功效：本汤有健脾补气之功效，尤其适用于脾胃不调、脘腹胀满、胃下垂等患者服用。

（3）油焖枳实萝卜

原料：枳壳10克，白萝卜、虾米、植物油、葱、姜、盐各适量。

做法：枳壳以水煎汁，滤渣后备用；白萝卜洗净，切块；葱、姜洗净切丝。锅中加入适量油烧热，下入虾米、萝卜翻炒片刻，浇入药汁，煨至极烂。加入葱、姜、盐调味即可。

功效：有润肠通便之功效，尤其适用于食欲不振、便秘者服用。

参考文献

[1] 熊英，邓可众，吴帆，等. 江西道地药材枳壳的生产要素调查分析[J]. 时珍国医国药，2013，24（9）：2255-2257.

[2] 朱培林. 枳壳优质栽培技术[J]. 农家科技，2011（1）：19.

[3] 彭锐. 枳壳规范化栽培及炮制加工技术[J]. 重庆中草药研究，2008（1）：1-3.

[4] 朱云如. 药用柑桔品种——枳壳[J]. 江西园艺, 2003（4）: 22-23.

[5] 肖兴根，周小云，邓亦兵，等. 商洲枳壳主要病虫害防治标准[J]. 现代园艺, 2006（2）: 26-27.

厚朴
hou pu

本品为木兰科植物厚朴*Magnolia officinalis* Rehd. et Wils.或凹叶厚朴*Magnolia officinalis* Rehd. et Wils. var. *biloba* Rehd.et Wils.的干燥干皮、根皮及枝皮。

一、植物特征

1. 厚朴

落叶乔木，高达20米；树皮厚，褐色，不开裂；小枝粗壮，淡黄色或灰黄色，幼时有绢毛；顶芽大，狭卵状圆锥形，无毛。叶大，近革质，7～9片聚生于枝端，长圆状倒卵形，长22～45厘米，宽10～24厘米，先端具短急尖或圆钝，基部楔形，全缘而微波状，上面绿色，无毛，下面灰绿色，被灰色柔毛，有白粉；叶柄粗壮，长2.5～4厘米，托叶痕长为叶柄的2/3。花白色，径10～15厘米，芳香；花梗粗短，被长柔毛，离花被片下1厘米处具包片脱落痕，花被片9～12（17），厚肉质，外轮3片淡绿色，长圆状倒卵形，长8～10厘米，宽4～5厘米，盛开时常向外反卷，内两轮白色，倒卵状匙形，长8～8.5厘米，宽3～4.5厘米，基部具爪，最内轮7～8.5厘米，花盛开时中内轮直立；雄蕊约72枚，长2～3厘米，花药长1.2～1.5厘米，内向开裂，花丝长4～12毫米，红色；雌蕊群椭圆状卵圆形，长2.5～3厘米。聚合果长圆状卵圆形，长9～15厘米；蓇葖果具长3～4毫米的喙；种子三角状倒卵形，长约1厘米。花期5～6月，果期8～10月。

2. 凹叶厚朴

与厚朴不同之处在于叶先端凹缺，成2钝圆的浅裂片，但幼苗之叶先端钝圆，并不凹缺；聚合果基部较窄。花期4～5月，果期10月。（图1，图2）

图1 凹叶厚朴植株

图2 凹叶厚朴果

二、资源分布概况

厚朴产于陕西南部、甘肃东南部、河南东南部（商城、新县）、湖北西部、湖南西南部、四川中部、东部、贵州东北部。

凹叶厚朴产于安徽、浙江西部、江西、福建、湖南南部、广东北部、广西北部和东北部。

江西基本为凹叶厚朴，主要种植区域分布在罗霄山区。

三、生长习性

由于种类不同，对环境条件的要求也不相同。厚朴喜凉爽、湿润气候，高温不利于其生长发育，宜在海拔800～1800米的山区生长。凹叶厚朴喜温暖、湿润气候，一般多在海拔600米以下的地方栽培。二者为山地特有树种，耐寒，均为阳性树种，但幼树怕强光。它们又都是生长缓慢的树种，一年生苗高仅为30～40厘米，幼树生长较快。厚朴10年生以下很少萌蘖；而凹叶厚朴萌蘖较多，特别是主干折断后，会形成灌木。厚朴树龄8年以上才能开花结果，凹叶厚朴生长较快，5年以上就能进入生育期。种子干燥后会显著降低发芽能力。低温层积5天左右能有效解除种子的休眠。发芽适温为20～25℃。

四、栽培技术

（一）选地整地

以疏松、富含腐殖质、呈中性或微酸性的砂壤土和壤土为好，山地黄壤、红黄壤也可种植，黏重、排水不良的土壤不宜种植。深翻、整平，按株行距3米×3米或3米×4米开穴，穴深40厘米，50厘米见方，备栽。育苗地应选向阳、干燥、微酸性而肥沃的砂壤土，其次为黄壤土和轻黏土。施足基肥，翻耕耙细，整平，做成1.2～1.5米宽的畦。

（二）繁殖方法

主要以种子繁殖，也可用压条繁殖和扦插繁殖。

1. 种子繁殖

9～11月果实成熟时，采收种子，趁鲜播种，或用湿沙子贮放至翌年春季播种。

播前进行种子处理：①浸种48小时后，用沙搓去种子表面的蜡质层；②浸种24～48小时，盛竹篓内在水中用脚踩去蜡质层；③浓茶水浸种24～48小时搓去蜡质层。条播为主，行距25～30厘米，粒距5～7厘米，播后覆土、盖草。也可采用撒播，每亩用种15～20千克。一般3～4月出苗，1～2年后当苗高30～50厘米时即可移栽，移栽时间在10～11月落叶后或2～3月萌芽前，每穴栽苗1株，浇水。

2. 压条繁殖

11月上旬或2月选择生长10年以上成年树的萌蘖，横割断蘖茎一半，向切口反方向弯曲，使茎纵裂，在裂缝中央夹一小石块，培土覆盖。翌年生多数根后割下定植。

3. 扦插繁殖

2月选径粗1厘米左右的1～2年生枝条，剪成约20厘米的插条，插于苗床中，苗期管理同种子繁殖，翌年移栽。

（三）田间管理

种子繁殖者出苗后，要经常拔除杂草，并搭棚遮阴。每年追肥1～2次；多雨季节要防积水，以防烂根。定植后，每年中耕除草2次，林地郁闭后一般仅冬天中耕除草，培土五次。结合中耕除草进行追肥，肥源以农家肥为主，幼树期除需压条繁殖外，应剪除萌蘖，以保证主干挺直、快长。

（四）留种技术

厚朴种子一般在10～11月，当果皮裂开露出红色种子时，将果蒲（包谷）采回，选饱满、无病虫害的籽粒与湿细沙混合，置室内挖好的窖内，上盖细土。如在室外挖窖贮藏，应该注意覆盖避雨，以防雨水流入窖内造成烂种。翌年早春取出播种。

五、采收与加工

1. 采收

厚朴生长20年以上才能剥皮，宜在4～8月生长旺盛时，砍树剥取干皮和枝皮，对不进行更新的可挖根剥皮，然后3～5段卷叠成筒运回加工。

2. 加工

根皮和枝皮直接阴干。

厚朴干皮先用沸水烫软，直立放屋内或木桶内，覆盖棉絮、麻袋等使之发汗，待皮内侧或横面都变成紫褐色或棕褐色，并呈油润光泽时，将皮卷成筒状，用竹篾扎紧，干燥。

如需收花，则于花将开放时采收花蕾，先蒸10多分钟，取出铺开晒干或烘干。也可以置沸水中烫一下，再行干燥。

六、药典标准

1. 性状

（1）干皮　本品呈卷筒状或双卷筒状，长30～35厘米，厚0.2～0.7厘米，习称"筒朴"；近根部的干皮一端展开如喇叭口，长13～25厘米，厚0.3～0.8厘米，习称"靴筒朴"。外表面灰棕色或灰褐色，粗糙，有时呈鳞片状，较易剥落，有明显椭圆形皮孔和纵皱纹，刮去粗皮者显黄棕色。内表面紫棕色或深紫褐色，较平滑，具细密纵纹，划之显油痕。质坚硬，不易折断，断面颗粒性，外层灰棕色，内层紫褐色或棕色，有油性，有的可见多数小亮星。气香，味辛辣、微苦。（图3）

1cm

图3　厚朴药材

（2）根皮（根朴）　本品呈单筒状或不规则块片；有的弯曲似鸡肠，习称"鸡肠朴"。质硬，较易折断，断面纤维性。

（3）枝皮（枝朴）　本品呈单筒状，长10～20厘米，厚0.1～0.2厘米。质脆，易折断，断面纤维性。

2. 鉴别

（1）横切面　木栓层为10余列细胞；有的可见落皮层。皮层外侧有石细胞环带，内侧散有多数油细胞和石细胞群。韧皮部射线宽1～3列细胞；纤维多数个成束；亦有油细胞散在。

（2）粉末特征　粉末棕色。纤维甚多，直径15～32微米，壁甚厚，有的呈波浪形或一边呈锯齿状，木化，孔沟不明显。石细胞类方形、椭圆形、卵圆形或不规则分枝状，直径11～65微米，有时可见层纹。油细胞椭圆形或类圆形，直径50～85微米，含黄棕色油状物。

3. 检查

（1）水分　不得过15.0%。

（2）总灰分　不得过7.0%。

（3）酸不溶性灰分　不得过3.0%。

七、仓储运输

1. 仓储

药材仓储要求符合NY/T1056—2006《绿色食品 贮藏运输准则》的规定。仓库应具有防虫、防鼠、防鸟的功能；要定期清理、消毒和通风换气，保持洁净卫生；不应与非绿色食品混放；不应和有毒、有害、有异味、易污染物品同库存放；在保管期间如果水分超过14%、包装袋打开、没有及时封口、包装物破碎等，导致厚朴吸收空气中的水分，发生返潮、结块、褐变、生虫等现象，必须采取相应的措施。

2. 运输

运输车辆的卫生合格，温度在16～20℃，湿度不高于30%，具备防暑、防晒、防雨、防潮、防火等设备，符合装卸要求；进行批量运输时不应与其他有毒、有害、易串味物质混装。

八、药材规格等级

厚朴在市场上分简朴、根朴和蔸朴三个规格，其中简朴又分为三个等级，具体分级标准如下。

1. 简朴

一等 干货。呈卷筒状或双卷筒状，两端平齐。长约30厘米以上，外表面灰棕色或灰褐色，有明显的皮孔和纵皱纹，粗糙，刮去粗皮者显黄棕色，内表面较平滑，具细密纵纹，划之显油痕，质坚硬，断面显油润，颗粒性，纤维少，有时可见发亮的细小结晶。气香，味辛辣、微苦。无青蕈、杂质、霉变。皮厚3.0毫米以上，内表面紫褐色，断面外层黄棕色，内层紫褐色。

二等 皮厚20毫米以上，内表面紫棕色，断面外层灰棕色或黄棕色，内层紫棕色。其他同"一等"。

三等 干货。卷成筒状或不规则的块片以及碎片、枝朴，不分长短大小，均属此等。外表面灰棕色或灰褐色，有明显的皮孔和纵皱纹。内表面划之略显油痕。断面具纤维性。气香，味苦、辛。无青蕈、杂质、霉变。

2. 根朴

统货 干货。呈卷筒状或不规则长条状，屈曲不直，长短不分，外表面棕黄色或灰褐色，内表面紫褐色或棕褐色，质韧。断面略显油润，有时可见发亮的细小结晶。气香，味辛辣、微苦。无木心须根、杂质、霉变、泥土等。

3. 蔸朴

统货 干货。为靠近根部的干皮和根皮，呈卷筒状或双卷筒状，一头膨大，似靴形。长13～70厘米，上端皮厚2.5厘米以上。外表面棕黄色、灰棕色或灰褐色，粗糙，有明显的皮孔和纵、横皱纹；内面紫褐色，划之显油痕。质坚硬，断面紫褐色，显油润，颗粒状，纤维少，有时可见发亮细小结晶。气香，味辛辣、微苦。无青蕈、杂质、霉变、泥土等。

九、药用和食用价值

1. 药用价值

燥湿消痰，下气除满。用于湿滞伤中，脘痞吐泻，食积气滞，腹胀便秘，痰饮喘咳。临床常用剂量为3～10克。

2. 食用价值

（1）猪肚瘦肉厚朴汤

制法：猪肚、红枣、苡仁（薏米）、厚朴及瘦肉入煲内，放入4碗水，煲4个小时，即可饮用。

功效：本汤能开胃消食，对舌苔腻厚、脾胃湿滞、胃病初愈、便秘等有效。

（2）厚朴煨肘

材料：猪肘700克，厚朴15克，香附10克，枳壳10克，当归10克，川芎5克。

制法：将诸药压碎，装入纱布袋，与猪肘入锅内，加入清水，置武火烧沸，撇尽汤沫，移文火煨至八成熟时，加入各种调料，如黄酒、生姜、精盐、酱油、味精等。等汁浓肘烂，去除药包，装盘即可食用。

参考文献

[1] SBT 11174.4—2016中药材商品规格等级第4部分：厚朴.

[2] 药智数据——国家保健食品数据库.

chong lou

重楼

本品为百合科植物云南重楼*Paris polyphylla* Smith var. *yunnanensis*（Franch.）Hand.-

Mazz.或七叶一枝花*Paris polyphylla* Smith var. *chinensis*（Franch.）Hara的干燥根茎。江西种植的主要以七叶一枝花为主，本文主要介绍七叶一枝花的种植技术。

一、植物特征

七叶一枝花

植株高35～100厘米，无毛；根状茎粗厚，直径达1～2.5厘米，外面棕褐色，密生多数环节和许多须根。茎通常带紫红色，直径（0.8～）1～1.5厘米，基部有灰白色干膜质的鞘1～3枚。叶（5～）7～10枚，矩圆形、椭圆形或倒卵状披针形，长7～15厘米，宽2.5～5厘米，先端短尖或渐尖，基部圆形或宽楔形；叶柄明显，长2～6厘米，带紫红色。花梗长5～16（30）厘米；外轮花被片绿色，（3～）4～6枚，狭卵状披针形，长（3～）4.5～7厘米；内轮花被片狭条形，通常比外轮长；雄蕊8～12枚，花药短，长5～8毫米，与花丝近等长或稍长，药隔突出部分长0.5～1（～2）毫米；子房近球形，具棱，顶端具一盘状花柱基，花柱粗短，具（4～）5分枝。蒴果紫色，直径1.5～2.5厘米，3～6瓣裂开。种子多数，具鲜红色多浆汁的外种皮。花期4～7月，果期8～11月。（图1～图3）

图1　七叶一枝花植株

图2　七叶一枝花盛开花　　　　　　　　图3　七叶一枝花果实

二、资源分布概况

七叶一枝花主产于江苏、浙江、江西、福建、台湾、湖北、湖南、广东、广西、四川、贵州和云南。

三、生长习性

七叶一枝花对大气候和土壤类别的要求不严，但力求有生长发育的特殊小气候，生于海拔600～1350（2000）米的山坡林下及灌丛阴湿处。喜温，喜湿、喜荫蔽，但也抗寒、耐旱，惧怕霜冻和阳光。年均气温13～18℃，有机质、腐殖质含量较高的砂土和壤土种植，尤以河边、箐边和背阴山种植为宜。

四、栽培技术

（一）种植材料

有性繁殖以无病虫害、成熟种子作为种植材料；无性繁殖选用秋、冬季采挖健壮、无病虫害根茎。

（二）选地与整地

1. 选地

选择日照较短的背阴缓坡地或平地和质地疏松，保水性、透水性都比较强的夜潮地、灰泡土、腐殖土地种植最为理想。

2. 整地

七叶一枝花根系不深，整地后，理成120～150厘米宽的墒，每亩施农家肥或森林腐殖质3000～5000千克，然后捞沟盖肥，翻锄1遍，使耕作层肥土均匀，整平整细待种。

（三）播种

1. 有性繁殖

直播：于5月中、下旬透雨后，在整好的墒面上以行距30～35厘米，株距20～25厘米打3～5厘米深的小浅塘，130厘米的窄墒打4行，150厘米的宽墒打5行。播种前将种子采用细沙层积冷藏变温处理后，再用每升含50～100毫克的赤霉素溶液，处理24小时，以细沙为基质，在温度20℃下催芽60天后，拌草木灰播种，每塘下种2～3粒，播后覆盖细粪、细土各半的肥土2～3厘米，土干应及时浇水，7～10天萌发出苗。

2. 无性繁殖

秋、冬季采挖健壮、无病虫害根茎置于阴凉干燥处砂贮，于翌年4月上、中旬取出，按有萌发能力的芽残茎、芽痕特征，切成小段，每段保证带1个芽痕，切好后适当晾干并拌草木灰，像播种一样条栽于苗床，并盖薄膜，15～20天生根长芽后，于5月中下旬，按直播规格移栽大田。

（四）田间管理

1. 中耕除草

苗齐或移植后，应及时除草松土，做到勤锄、浅锄，避免伤根，影响生长。平时畦面盖草保湿。

2. 苗间、定苗

5月中、下旬对直播地进行间苗，同时查塘补缺。间苗前要先浇水，用木棍撬取苗，补苗时浇定根水，充分利用小苗，保证全苗和足够的密度。

3. 追肥

人工栽培七叶一枝花，所用基肥占总肥量的70%～80%必须在移植前施入土中，后期的追肥量只能占总肥量的20%左右，在每年苗出土后追施人粪水1次。

4. 排灌

七叶一枝花喜阴湿环境，畦面及土层要保持湿润，遇旱季要及时浇水，平时间隔喷水，雨季要及时疏沟排水，以防田间积水，诱发病害。

5. 打花薹

为减少养分消耗，使养分集中供应地下块茎生长，在5～6月份出现花薹时，除留种外，应及时剪除全部花薹，以提高产量。

6. 遮阴

七叶一枝花喜荫蔽、怕强光，全生育期均以透光度40%～50%为好。因此出苗、移栽后，就要采取遮阴措施。在有条件的地方，最好采用遮阳网；没有条件的地方，可采取插树枝遮阴的办法，还可行间套种玉米等高秆作物遮阴，但要注意密度和间、套种方式。

7. 培土

七叶一枝花通常有上面开花、下面块茎就膨长的生长规律，一般6月中、下旬到8月膨长最快。必须在6月上旬重施追肥，每亩用腐熟农家肥2000～3000千克，加普钙20～30千克，追于根部后结合清沟大培土，培上的土必须松散，保持墒面、沟底无积水。

七叶一枝花种植基地见图4。

图4　七叶一枝花种植基地

五、采收加工

1. 采收

　　以七叶一枝花种子栽培的5年即可收获块茎入药，以块茎种植的3年后即可采收块茎入药。于秋季倒苗前后，即11～12月至翌年3月以前均可收获。七叶一枝花块茎大多生长在表土层，容易采挖，但要注意保持块茎完整。先割除茎叶，然后用锄头从侧面开挖，挖出块茎，抖落泥土。

2. 加工

　　用清水刷洗干净块茎后，趁鲜切片，片厚2～3毫米，晒干即可。阴天可用30℃左右微火烘干。

六、药典标准

1. 性状

本品呈结节状扁圆柱形，略弯曲，长5～12厘米，直径1.0～4.5厘米。表面黄棕色或灰棕色，外皮脱落处呈白色；密具层状突起的粗环纹，一面结节明显，结节上具椭圆形凹陷茎痕，另一面有疏生的须根或疣状须根痕。顶端具鳞叶和茎的残基。质坚实，断面平坦，白色至浅棕色，粉性或角质。气微，味微苦、麻。（图5）

图5　重楼药材

2. 鉴别

显微鉴别　本品粉末白色。淀粉粒甚多，类圆形、长椭圆形或肾形，直径3～18微米。草酸钙针晶成束或散在，长80～250微米。梯纹导管及网纹导管直径10～25微米。

3. 检查

（1）水分　不得过12.0%。

（2）总灰分　不得过6.0%。

（3）酸不溶性灰分　不得过3.0%。

七、仓储运输

1. 仓储

药材仓储要求符合NY/T1056—2006《绿色食品 贮藏运输准则》的规定。仓库应具有防虫、防鼠、防鸟的功能；要定期清理、消毒和通风换气，保持洁净卫生；不应与非绿色食品混放；不应和有毒、有害、有异味、易污染物品同库存放；在保管期间如果水分超过14%、包装袋打开、没有及时封口、包装物破碎等，导致药材吸收空气中的水分，发生返潮、结块、褐变、生虫等现象，必须采取相应的处理措施。

2. 运输

运输车辆卫生合格，温度在16～20℃，湿度不高于30%，具备防暑、防晒、防雨、防潮、防火等设备，符合装卸要求；进行批量运输时不应与其他有毒、有害、易串味物质混装。

八、药材规格等级

市场上常将重楼药材分为"选货"和"统货"两个规格，并根据其直径、单个重量和每千克个数等进行等级划分。具体分级标准如下。

1. 选货

一等　结节状扁圆柱形，略弯曲。表面黄棕色或灰棕色，密具层状突起的粗环纹，结节上具椭圆形凹陷茎痕，另一面有疣状须根痕，顶端具鳞叶和茎的残基。质坚实，断面平坦，白色或浅棕色，粉性或角质，气微，味微苦、麻。个体较长，直径≥3.5厘米，单个重量≥50克，每千克个数≤20，大小均匀。无变色、虫蛀、霉变。

二等　个体较长，直径≥2.5厘米，单个重量≥25克，每千克个数≤40，大小均匀。其他同"一等"。

三等　个体较短，直径≥2.0厘米，单个重量≥10克，每千克个数≤100，大小均匀。其他同"一等"。

2. 统货

结节状扁圆柱形或长条形。断面黄白色或棕黄色，表面黄棕色或灰棕色，粗环纹明显，结节上具椭圆形凹陷茎痕，有须根或疣状须根痕，顶端具鳞叶和茎的残基。质坚实，粉性或角质，气微，味微苦、麻。大小不等。无变色、虫蛀、霉变。

九、药用价值

清热解毒，消肿止痛，凉肝定惊。用于疔疮痈肿，咽喉肿痛，蛇虫咬伤，跌扑伤痛，惊风抽搐。临床常用剂量为3~9克。外用适量，研末调敷。

1. 用于痈肿、疮毒，乳痈，喉咙肿痛，蛇虫咬伤

重楼为外科热毒病症之常用药，凡一切痈肿疔疮及一切无名肿毒，均可内服和外用。

2. 治疗毛囊炎

取新鲜重楼根茎用95%乙醇浸1周，用时摇匀药液，再以棉球蘸之外搽患处，药液干后再重复涂4次，一般分早、中、晚3次使用。

3. 女性生殖道支原体感染

取灭菌后的重楼粉1克，阴道及宫颈处用药。隔日1次，7天为1疗程。

4. 痔疮

将重楼焙干研末，每日3次，每次服3克，凉开水送服。另用重楼适量加醋磨汁，每晚洗净肛门后，滴入肛门内。

5. 隐翅虫皮炎

将重楼100克研成粉末，用70%乙醇1000毫升浸泡半月，过滤液备用。外涂皮损处，每日数次。

参考文献

[1] 余克湧. 蚤休治疗颈部毛囊炎40例疗效报告[J]. 江西中医药，1985，（4）：39.
[2] 叶燕萍，胡琳，游曼球. 蚤休粉阴道给药治疗女性生殖道支原体感染200例[J]. 陕西中医，2000，21（8）：352.

[3]　刘桂玲，于方英. 蚤休治疗痔疮100例[J]. 中国民间疗法，2002，10（1）：29.

[4]　王萌. 蚤休酊治疗隐翅虫皮炎132例[J]. 安徽中医临床杂志，1996，8（2）：70.

前 胡
qian　hu

《中国药典》2000年版一部及以前收载的前胡，来源于伞形科植物白花前胡*Peucedanum praeruptorum* Dunn或紫花前胡*Peucedanum decursivum*（Miq.）Maxim.的干燥根。至《中国药典》2005年版，将白花前胡和紫花前胡作为前胡和紫花前胡两个药材单独收录，即前胡为伞形科植物白花前胡*Peucedanum praeruptorum* Dunn的干燥根，紫花前胡为伞形科植物紫花前胡*Peucedanum decursivum*（Miq.）Maxim.的干燥根。江西栽培的前胡原植物为白花前胡，以下重点介绍白花前胡的相关种植技术。

一、植物特征

多年生草本，高0.6～1米。根茎粗壮，径1～1.5厘米，灰褐色，存留多数越年枯鞘纤维；根圆锥形，末端细瘦，常分叉。茎圆柱形，下部无毛，上部分枝多有短毛，髓部充实。基生叶具长柄，叶柄长5～15厘米，基部有卵状披针形叶鞘；叶片轮廓宽卵形或三角状卵形，三出式二至三回分裂，第一回羽片具柄，柄长3.5～6厘米，末回裂片菱状倒卵形，先端渐尖，基部楔形至截形，无柄或具短柄，边缘具不整齐的3～4粗或圆锯齿，有时下部锯齿呈浅裂或深裂状，长1.5～6厘米，宽1.2～4厘米，下表面叶脉明显突起；茎下部叶具短柄，叶片形状与茎生叶相似；茎上部叶无柄，叶鞘稍宽，边缘膜质，叶片三出分裂，裂片狭窄，基部楔形，中间一枚基部下延。复伞形花序多数，顶生或侧生，伞形花序直径3.5～9厘米；花序梗上端多短毛；伞辐6～15，不等长，长0.5～4.5厘米，内侧有短毛；小伞形花序有花15～20；花瓣卵形，小舌片内曲，白色；萼齿不显著；花柱短，弯曲，花柱基圆锥形。果实卵圆形，背部扁压，长约4毫米，宽3毫米，棕色，有稀疏短毛，背棱线形稍突起，侧棱呈翅状，比果体窄，稍厚；棱槽内油管3～5，合生面油管6～10；胚乳腹面平直。花期8～9月，果期10～11月。（图1～图2）

图1 白花前胡植株

图2 白花前胡花

二、资源分布概况

白花前胡主要分布于甘肃、河南、贵州、广西、四川、湖北、湖南、江西、安徽、江苏、浙江、福建（武夷山）等地。栽培白花前胡产区主要有贵州、安徽、江西、浙江、四川等地，产于安徽宁国的前胡习称"宁前胡"，产于江西的前胡习称"信前胡"，"信前胡"为江西道地药材。

三、生长习性

白花前胡为多年生草本植物，喜冷凉湿润气候，多生于海拔1000～1500米的山区向阳山坡。土壤以土层深厚、疏松、肥沃的夹沙土为好。温度高且持续时间长的平坝地区以及荫蔽过度、排水不良的地方生长不良，且易烂根；质地黏重的黄泥土和干燥瘠薄的河沙土不宜栽种。

白花前胡为宿根植物，宿生根3月初子芽萌动，中旬出苗，4～5月为营养生长盛期。5月下旬开始抽薹孕蕾，6～7月开花盛期，8～9月果实成熟，当年繁殖苗生长期比宿生植株要长。

四、栽培技术

（一）繁殖方法

白花前胡种子发芽率较高，可用种子繁殖、育苗移栽或直播。果实一般于9～10月成熟，果实呈黄白色时，用剪刀连花梗剪下，放于室内后熟一段时间，然后搓下果实，除去杂质，晾干贮存备用。

（二）选地、整地

选择阳光充足、土壤湿润且不积水的平地或坡地栽种。最好是在头年冬季，将地上前作枯物及杂草除下，铺于地面烧毁，然后深翻土地让其越冬。次年2月份施入腐熟的猪牛粪后再翻1次土，除去杂草，耙细整平。

（三）播种

冬播：时间最好在11月上旬至次年1月下旬，由于白花前胡种子发芽缓慢（天气情况比较好的情况下需要30天以上发芽），一般年前播种完毕。将种子均匀撒于畦面，然后用竹扫帚轻轻扫平，使种子与土壤充分结合。播种量为干净无杂质的种子3千克/亩。

春播：在3月上旬播种，采用穴播或条播均可，在畦上以8寸见方开穴，穴深1寸左右。将种子拌火土灰匀撒穴内，然后盖一层土或草木灰，至不见种子为度。最后盖草保墒利于出苗整齐，发芽时揭去。每亩用种量2～3千克。

（四）除草

白花前胡栽培管理比较容易，主要是除草。除草的方式有化学药剂除草和人工除草。

1. 化学药剂除草

（1）播种前除草　化学药剂除草应以播种前土壤施药为主，争取一次施药便能保证整个生育期不受杂草危害。播种前土壤处理常用药剂如下。

48%氟乐灵乳油：氟乐灵杀草谱广，能有效除掉1年生靠种子繁殖的禾本科杂草。田间有效期2～3个月，喷药时间于种子播种前5～10天杂草萌发出芽前，每亩地用48%氟乐灵乳油80～100毫升兑水40～50千克，对表土进行均匀喷洒处理。应随喷随进行浅翻，将药液及时混入5～7厘米深的土层中，施药后隔5～7天才可播种。

50%乙草胺乳油：播种前或后，但必须在杂草出土前施用。每亩用50%乙草胺乳油70～75毫升兑水40～60千克均匀喷雾土表。

（2）苗前除草　白花前胡播种后15天以后出苗，因此，在杂草见绿、白花前胡尚未出苗前，可用20%克无踪水剂150～250毫升兑水25～30千克进行田间喷洒。也可选用41%农达或草甘磷水剂150～200毫升兑水30～40千克喷洒。但白花前胡出苗后绝不能使用以上药剂除草，以免杀死白花前胡苗。

（3）出苗后除草　必须慎重使用。

2. 人工除草

中耕除草一般在封行前进行，中耕深度根据地下部生长情况而定。苗期植株小，杂草易滋生，应勤除草。待其植株生长茂盛后，此时不宜用锄除草，以免损伤植株，可采用人工拔草，但费时费力。

（五）施肥

白花前胡需肥量小，前期施些猪牛粪。苗出齐后结合中耕除草施人畜粪水或尿素，以后可施些复合肥。施肥时注意不要伤根、伤叶。（图3）

图3　白花前胡种植基地

五、采收加工

在秋季11月份进行，先割去枯残茎秆，挖出全根，除净泥土晾2～3天，至根部变软时晒干即成。前胡折干率约4成，一般亩产150～200千克，高产的可达300千克。

六、药典标准

1. 性状

本品呈不规则的圆柱形、圆锥形或纺锤形，稍扭曲，下部常有分枝，长3～15厘米，直径1～2厘米。表面黑褐色或灰黄色，根头部多有茎痕及纤维状叶鞘残基，上端有密集的细环纹，下部有纵沟、纵皱纹及横向皮孔样突起。质较柔软，干者质硬，可折断，断面不整齐，淡黄白色，皮部散有多数棕黄色油点，形成层环纹棕色，射线放射状。气芳香，味微苦、辛。（图4）

1cm

图4　前胡药材

2. 鉴别

显微鉴别　本品横切面：木栓层为10～20余列扁平细胞。近栓内层处油管稀疏排列成一轮。韧皮部宽广，外侧可见多数大小不等的裂隙；油管较多，类圆形，散在，韧皮射线近皮层处多弯曲。形成层环状。木质部大导管与小导管相间排列；木射线宽2～10列细胞，有油管零星散在；木纤维少见。薄壁细胞含淀粉粒。

3. 检查

（1）水分　不得过12.0%。

（2）总灰分　不得过8.0%。

（3）酸不溶性灰分　不得过2.0%。

4. 浸出物

用稀乙醇作溶剂，按冷浸法测定，不得少于20.0%。

七、仓储运输

1. 仓储

药材仓储要求符合NY/T1056—2006《绿色食品 贮藏运输准则》的规定。仓库应具有防虫、防鼠、防鸟的功能；要定期清理、消毒和通风换气，保持洁净卫生；不应与非绿色食品混放；不应和有毒、有害、有异味、易污染物品同库存放；在保管期间如果水分超过14%、包装袋打开、没有及时封口、包装物破碎等，导致药材吸收空气中的水分，发生返潮、结块、褐变、生虫等现象，必须采取相应的处理措施。

2. 运输

运输车辆的卫生合格，温度在16～20℃，湿度不高于30%，具备防暑、防晒、防雨、防潮、防火等设备，符合装卸要求；进行批量运输时不应与其他有毒、有害、易串味物质混装。

八、药材规格等级

根据前胡药材的大小等因素，市场上有"选货"和"统货"两个等级。具体分级标准如下。

1. 选货

呈不规则的圆柱形、圆锥形或纺锤形，长3～15厘米，直径1～2厘米。表面黑褐色或灰黄色，顶端多有茎痕及纤维状叶鞘残基，上端具有密集的细环纹。质硬，可折断，断面不整齐，淡黄白色，皮部散有多数棕黄色油点，形成层环纹棕色，具明显放射状纹理。气芳香，味微苦、辛。直径大于1.0厘米的占比不少于80%，下部分枝较少或去除。且无虫蛀、霉变。

2. 统货

与"选货"相同，唯大小不分，下部多有分枝。

九、药用和食用价值

1. 药用价值

降气化痰，散风清热。用于痰热喘满，咯痰黄稠，风热咳嗽痰多。常用剂量为3～10克。

2. 食用价值

（1）前胡枸杞粥

材料：前胡10克，枸杞子10克，大米100克。

制法：上述材料洗净，大米用油、盐腌15分钟，前胡放入锅内，加水（6碗水）煮沸15分钟后，捞起，加入大米煮粥，出锅前10分钟放枸杞子同煮即可。

功效：宣散风热、祛痰润肺。

主治：风热表证、气喘、胸闷等症。

（2）前胡粥

材料：前胡10克，大米100克。

制法：将洗净的前胡，放入锅中，加清水适量，浸泡5～10分钟后，水煎取汁，加大米煮粥，服食，每日1剂，连用2～3天。

功效：降气祛痰，宣散风热。

主治：适用于外感风热或风热郁肺所致的咳嗽，气喘，痰稠，胸闷不舒等。

参考文献

[1]　杨红兵，陈科力. 白花前胡的种植技术研究及应用[J]. 现代中药研究与实践，2013，27（1）：12-14.

[2]　张玉方，王祖文，卢进，等. 白花前胡主要栽培技术研究（I）[J]. 中国中药杂志，2007，32（2）：147-148.

[3]　田振华. 白花前胡主要病虫害及防治[J]. 农技服务，2003，20（2）：21-22.

[4]　王祖文，张玉方，卢进，等. 白花前胡主要生物学特性及生长发育规律研究[J]. 中国中药杂志，2007，32（2）：145-146.

夏天无
xia tian wu

本品为罂粟科植物伏生紫堇 *Corydalis decumbens*（Thunb.）Pers.的干燥块茎。春季或初夏出苗后采挖，除去茎、叶及须根，洗净，干燥。

一、植物特征

块茎小，圆形或多少伸长，直径4～15毫米；新块茎形成于老块茎顶端的分生组织和基生叶腋，向上常抽出多茎。茎高10～25厘米，柔弱，细长，不分枝，具2～3叶，无鳞片。叶二回三出，小叶片倒卵圆形，全缘或深裂成卵圆形或披针形的裂片。总状花序疏具3～10花。苞片小，卵圆形，全缘，长5～8毫米。花梗长10～20毫米。花近白色至淡粉红色或淡蓝色。萼片早落。外花瓣顶端下凹，常具狭鸡冠状突起。上花瓣长14～17毫米，瓣片多少上弯；距稍短于瓣片，渐狭，平直或稍上弯；蜜腺体短，占距长的1/3～1/2，末端渐尖。下花瓣宽匙形，通常无基生的小囊。内花瓣具超出顶端的宽而圆的鸡冠状突起。蒴果线形，多少扭曲，长13～18毫米，具6～14种子。种子具龙骨状突起和泡状小突起。（图1，图2）

图1　伏生紫堇植株

图2　伏生紫堇块茎

二、资源分布概况

伏生紫堇主要分布于江苏、安徽、浙江、福建、江西、湖南、湖北、山西、台湾等地，主要种植产区为江西、福建、江苏。

江西余江夏天无主要分布在余江县邓埠镇、杨溪乡、马荃镇、春涛乡、平定乡、潢溪镇、锦江镇、黄庄乡、画桥镇、高公寨林场、洪湖乡、余江县水稻原种场、刘家站垦殖场等13个乡镇场。2016年，仅余江县相关乡镇种植伏生紫堇面积达6000亩。江西以夏天无为原料的中成药制剂有夏天无片、夏天无胶囊、夏天无滴眼液、复方夏天无片等。

三、生长习性

伏生紫堇喜凉怕高温，忌干旱，宜在湿润、肥沃、疏松的土壤中栽培。野生伏生紫堇生于海拔80～300米左右的山坡或路边。伏生紫堇从播种到收获，整个生育期为210天左右，一般10月上中旬播种，12月上旬齐苗，12月中旬至翌年3月上旬主要是地上部分营养生长，旺盛生长期为2月中旬至3月上旬。地下块茎2月上旬开始形成，3月中旬至4月上旬为地下块茎迅速膨大期，4月中下旬开始倒苗。

伏生紫堇为多年生草本，冬季生长作物，与水稻反季节耕作，不耽误种水稻，很适合药农种植。以阳光充足，土层疏松肥沃、富含腐殖质、排水良好的壤土栽培为宜。

四、栽培技术

（一）培育种苗

1. 选地

地势平坦、阳光充足、排水良好、土壤疏松的地块最适宜，种过晚稻、生姜秋季作物地块也可种植。

2. 整地

在秋季收获后，及时翻土地，深20～25厘米，每亩施基肥（腐熟猪牛栏粪）2000～2500千克，翻入土内，耙细作畦，宽1米左右，高15～20厘米，沟宽30厘米。

3. 种植

采用块根种植，下种期10月为宜，在整好的畦上采用条播方式，行距10～15厘米，株距9厘米，开沟3～4厘米，芽向上，再撒一层草木灰，上面铺一层猪牛栏粪，盖上稻草，保持湿润，每亩用种量35千克。

（二）科学建园

1. 选地整地

选择海拔较低，避风向阳，排水较好，土壤肥沃的砂质土壤或种过晚稻、生姜秋季作物地块，在10月上旬，按宽1米左右，高15～20厘米，沟宽30厘米，种植方法与培育种苗一致。

2. 田间管理

伏生紫堇地下块茎生长浅，一般不进行中耕，以免损失根系及块茎，应勤拔草，见草就除，以利幼苗生长。（图3）

图3　伏生紫堇种植基地

3. 追肥

伏生紫堇喜肥，应以农家肥为主，少施化肥，在施足基肥的基础上，一般还要追肥3次。一次施肥，在11月下旬，每亩施腐熟猪牛栏肥1000千克，以利保苗保温促使地下块茎生长；二次施壮苗肥，在2月上旬，此时地上部生长迅速，地下块茎开始形成，每亩施腐熟人粪尿1000千克；三次施地下块茎膨大肥，在3月上旬进行，每亩施腐熟人粪1000千克、氯化钾15千克、掺水1000千克，促使块茎膨大，以后不再施肥。

4. 灌溉排水

伏生紫堇性喜凉爽、湿润。土壤干旱则苗株生长不好，适时灌水排水。灌水一般在出苗前进行，此时若遇土壤干燥可灌一次"跑马水"，又叫沟灌，湿润土壤以利出苗。土壤要保持经常湿润以利幼苗生长，在春天雨量过多，要注意排水，做到沟内无积水，以防发病。

5. 摘花

伏生紫堇开花需要消耗大量营养物质，不利于块茎生长，因此在3月上旬左右，一出现花蕾就应予摘除，以使营养集中供给块茎生长。

五、采收加工

1. 采收

一般在4月中下旬收获，此时植株弯曲，叶多变黄，开始结果，选晴天采挖。收获时按顺序一行一行，捡净块茎，除去须根、茎干，除留种外，做商品的均应洗净泥少。一般亩产300千克，高产土地可达每亩400千克以上。

2. 加工

晒干或烘干即可，烘干温度不得超过60℃。药材要置于通风干燥的仓库中。

六、药典标准

1. 性状

本品呈类球形、长圆形或不规则块状，长0.5～3厘米，直径0.5～2.5厘米。表面灰黄色、暗绿色或黑褐色，有瘤状突起和不明显的细皱纹，顶端钝圆，可见茎痕，四周有淡黄色点状叶痕及须根痕。质硬，断面黄白色或黄色，颗粒状或角质样，有的略带粉性。气微，味苦。（图4）

1cm

图4 夏天无药材

2. 鉴别

显微鉴别 本品粉末浅黄棕色。下表皮厚壁细胞成片，淡黄棕色，细胞呈类长方形或不规则形，壁稍厚，呈断续的连珠状，常具壁孔。薄壁细胞淡黄色或几无色，呈类方形或类圆形；螺纹导管或网纹导管细小。淀粉粒单粒类圆形或长圆形，直径5～16微米，脐点点状或飞鸟状，复粒由2～6分粒组成。糊化淀粉粒隐约可见，或经水合氯醛透化可见糊化淀粉粒痕迹。

3. 检查

（1）水分　不得过15.0%。

（2）总灰分　不得过5.0%。

4. 浸出物

用稀乙醇作溶剂，按热浸法测定，不得少于8.0%。

七、仓储运输

1. 仓储

药材仓储要求符合NY/T1056—2006《绿色食品 贮藏运输准则》的规定。仓库应具有防虫、防鼠、防鸟的功能；要定期清理、消毒和通风换气，保持洁净卫生；不应与非绿色食品混放；不应和有毒、有害、有异味、易污染物品同库存放；在保管期间如果水分超过15%、包装袋打开、没有及时封口、包装物破碎等，导致夏天无吸收空气中的水分，发生返潮、结块、褐变、生虫等现象，必须采取相应的处理措施。

2. 运输

运输车辆卫生合格，温度在16～20℃，湿度不高于30%，具备防暑、防晒、防雨、防潮、防火等设备，符合装卸要求；进行批量运输时不应与其他有毒、有害、易串味物质混装。

八、商品规格等级标准

根据夏天无药材的大小等因素，分为"大选""统货""小选"三个等级。具体分级标准如下。

1. 大选

呈类球形、长圆形或不规则块状，每20g在30粒内，直径4.0～7.0厘米。表面黑褐色或灰黄色，顶端多有茎痕及纤维状叶鞘残基，上端具有密集的细环纹。质硬，可折断，断面不整齐，淡黄白色，皮部散有多数棕黄色油点，形成层环纹棕色，具明显放射状纹理。气芳香，味微苦、辛。表面灰黄色、暗绿色或黑褐色，有瘤状突起和不明显的细皱纹，顶端钝圆，可见茎痕，四周有淡黄色点状叶痕及须根痕。质硬，断面黄白色或黄色，颗粒状或角质样，有的略带粉性。气微，味苦。且无虫蛀、霉变。

2. 统货

与大选相同，仅每20g在30~60粒，直径1.0~4.0厘米。

3. 小选

与大选相同，仅每20g在60粒以外，直径0.5~1.0厘米。

九、药用价值

夏天无可活血止痛、舒筋活络、祛风除湿。用于中风偏瘫，头痛，跌扑损伤，风湿痹痛，腰腿疼痛。

1. 活血行气，具有较显著的止痛作用

临床上常用以治疗腰肌劳损、风湿性关节炎、坐骨神经痛等。夏天无注射液可供肌内注射，也可与当归、怀牛膝、羌活、独活等配伍应用，用于风湿痹痛，劳损腰痛，腿部疼痛。

2. 有降压与通络作用

可用于高血压、中风引起的偏瘫，或小儿麻痹后遗症的肢体失用。用于治疗高血压，可与夏枯草、钩藤配伍应用；若中风偏瘫、肢体失用，可配伍羌活、独活等。

参考文献

[1] 胡佳，何涛，王闯. 夏天无滴丸的药效学研究[J]. 中国药业，2016，25（23）：14–18.

[2] 李松，肖玲. 活血止痛的夏天无[J]. 首都食品与医药，2016，23（17）：59.

[3] 朱经艳，孟兆青，丁岗，等. 夏天无的研究进展[J]. 世界科学技术-中医药现代化，2014，16（12）：2713–2719.

[4] 张双，李瑶，钟晓红，等. 夏天无鲜药材的产地初加工工艺研究[J]. 中国现代中药，2013，15（12）：1078-1082.

[5] 黄一科，张水寒，冯小燕，等. 夏天无饮片超微粉碎前后镇痛作用及其血药浓度相关性研究[J]. 中国实验方剂学杂志，2012，18（17）：231-234.

[6] 马宏达，史国兵. 夏天无药理作用研究进展[J]. 中国药房，2008，19（36）：2867-2869.

huang jing

黄精

本品为百合科植物滇黄精*Polygonatum kingianum* Coll. Et Hemsl.、黄精*Polygonatum sibiricum* Red.或多花黄精*Polygonatum cyrtonema* Hua的干燥根茎。按形状不同，习称"大黄精""鸡头黄精""姜形黄精"。三者中以多花黄精质量最佳，江西主产多花黄精，下面主要介绍多花黄精。

一、植物特征

多花黄精

根状茎肥厚，通常连珠状或结节成块，少有近圆柱形，直径1～2厘米。茎高50～100厘米，通常具10～15枚叶。叶互生，椭圆形、卵状披针形至矩圆状披针形，少有稍作镰状弯曲，长10～18厘米，宽2～7厘米，先端尖至渐尖。花序具（1～）2～7（～14）花，伞形，总花梗长1～4（～6）厘米，花梗长0.5～1.5（～3）厘米；苞片微小，位于花梗中部以下，或不存在；花被黄绿色，全长18～25毫米，裂片长约3毫米；花丝长3～4毫米，两侧扁或稍扁，具乳头状突起至具短绵毛，顶端稍膨大乃至具囊状突起，花药长3.5～4毫米；子房长3～6毫米，花柱长12～15毫米。浆果黑色，直径约1厘米，具3～9颗种子。花期5～6月，果期8～10月。（图1～图3）

图1 多花黄精苗

图2 多花黄精植株

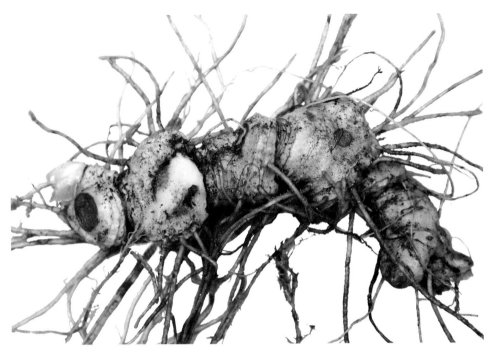

图3 多花黄精根茎

二、资源分布概况

多花黄精主要分布于贵州、四川、广西、广东、湖南、湖北、福建、江西、浙江、安徽、江苏、河南、山东。主产于贵州遵义、毕节、安顺，湖南安化、沅陵，湖北黄冈、孝感；安徽芜湖、六安，浙江瑞安、平阳。现江西万载、铜鼓、安福、鄱阳、安远等地均建有多花黄精种植基地。

三、生长习性

多花黄精多生于海拔500～2100米林下、灌丛或山坡阴处。喜生于土层深厚、土壤肥沃、表层水分充足、荫蔽、上层透光充足的林缘、灌丛或谷地、阴坡。多花黄精耐寒、怕干旱，适应性较差，生境选择性强，在排水保水性能良好的地带生长旺盛。以肥沃砂质壤土生长最适宜，重黏土、盐碱地、低洼地和干旱地块均不宜种植。

四、栽培技术

（一）种植材料

包括无性繁殖和有性繁殖。无性繁殖宜选择健壮、无病虫害的植株作种；有性繁殖宜选择生长健壮、无病虫害的二年生植株的种子作为种植材料。

（二）选地与整地

1. 选地

根据多花黄精喜阴、喜湿、怕旱、怕渍的习性，林下日平均透光率以30%～35%为宜。因此，选择湿润肥沃的林间地或山地、林缘地最为适合。土壤以肥沃砂质壤土最适宜生长。

2. 整地

一般在秋季割灌除草；冬季在选择好的林地将杂草清理干净，然后将腐烂发酵的肥料按照1500千克/公顷进行播撒，将土壤翻挖0.3米深，按0.3米×0.4米的规格挖穴，穴深6～10厘米；或者将秋季割下的杂草放入土壤中作基肥。

（三）播种

1. 无性繁殖

在留种田选择健壮、无病虫害的植株，秋季或早春挖取根状茎。秋季采挖需妥善保存好，早春采挖直接裁取5～7厘米长小段，芽段2～3节。然后用草木灰处理伤口，稍干后，立即进行栽种，春栽在3～4月上旬进行，在整好的畦面上按行距25～30厘米开横沟，沟深8～10厘米，种根芽眼向上，顺垄沟摆放，每隔12～15厘米平放一段。覆盖5～6厘米厚细土。稍加镇压，对土壤墒情差的田块，栽后浇一次透水，确保成活率，亩用种茎100～150千克。

2. 有性繁殖

选择生长健壮、无病虫害的二年生植株留种，加强田间管理，秋季浆果变黑成熟时采集，入冬前进行湿沙低温处理，方法是：在院落向阳背风处挖一深坑，深40厘米，宽100厘米。将1份种子与3份细沙充分混拌均匀，沙的湿度以手握之成团，落地即散，指间不滴水为度，将混种湿沙放入坑内。中央放高秸秆，利于通气。然后用细沙覆盖，保持坑内湿润，经常检查，防止落干和鼠害。待翌年春季3～4月初取出种子，筛去湿沙播种，在整好的苗床上按行距15厘米开沟深3～5厘米，将处理好催芽种子均匀播入沟内。覆土厚度2.5～3厘米，稍加镇压，保持土壤湿润，土壤墒情差地块，播种后及时烧一次透水，然后插拱条，扣塑料农膜，加强拱棚苗床管理，及时通风、炼苗，等苗高3厘米时，昼敞夜覆，逐渐撤掉拱棚，及时除草，烧水，促使小苗健壮成长。秋后或翌年春出苗移栽到大田中。

（四）田间管理

1. 中耕除草

生长前期要经常中耕除草，每年4、6、9、11月各进行1次，宜浅锄，避免伤根。

2. 追肥

每年结合中耕除草进行追肥。前3次中耕后每亩施入人畜粪水1500～2000千克。第4次冬肥要重施，每亩施用土杂肥1500千克，与过磷酸钙50千克、饼肥50千克混合后，于行间开沟施入，施后覆土盖肥，顺行培土。

3. 排灌水

多花黄精喜湿、怕旱，田间应经常保持湿润，遇干旱天气要及时灌水，雨季要注意清沟排水，以防积水烂根。

4. 遮阴间作

由于多花黄精喜湿、怕旱、怕热，因此，应进行遮阴。可以间作，间作玉米、高粱等高秆作物，最好是玉米。每4行多花黄精种植玉米2行，也可以2行玉米2行多花黄精或1行玉米2行多花黄精。间种玉米一定要春播、早播。玉米与多花黄精的行距约50厘米，太近容易争夺土壤养分，影响多花黄精的产量，太远不利于遮阴。

5. 疏花摘蕾

多花黄精的花果期持续时间较长，并且每一茎枝节腋生多朵伞形花序和果实，致使消耗大量的营养成分，影响根茎生长，为此，要在花蕾形成前及时将花芽摘去。以促进养分集中转移到根茎部，以提高产量。

多花黄精林下种植基地见图4。

图4　多花黄精林下种植基地

五、采收加工

1. 采收

（1）时间　种子繁殖5年生多花黄精的多糖含量最高，为最佳收获年限；根茎繁殖的多花黄精以3年生采挖为宜。最佳采收期在12月份至翌年2月份，因为12月份至翌年早春多花黄精萌发前根茎中黄精多糖含量最高，根茎肥厚饱满稳定。

（2）采挖　应选择无雨、无霜冻的阴天或多云天气进行。采收时土壤相对含水率在30%左右时，土壤最为疏松，容易与多花黄精根茎分离。起挖块根时，按照多花黄精栽种方向逐行带土挖出，经短时风干，抖除泥土，注意不要碰伤块根，须根无须去掉。

2. 加工

加工前，去除须根，用清水清洗。用蒸笼蒸20分钟左右，至透心后，取出边晒边揉至全干即可。然后进行分级，以块大、肥润、色黄、断面半透明者为最佳。要求根状茎饱满、肥厚、糖性足；表面泛黄，断面呈乳白色或淡棕色。

六、药典标准

1. 性状

姜形黄精　呈长条结节块状，长短不等，常数个块状结节相连。表面灰黄色或黄褐色，粗糙，结节上侧有突出的圆盘状茎痕，直径0.8～1.5厘米。(图5)

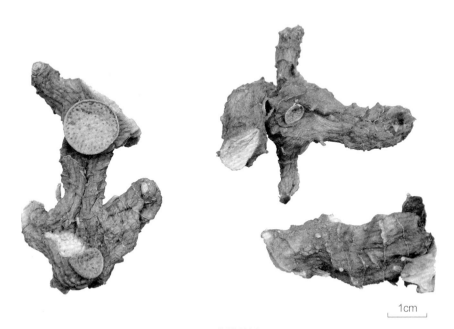

1cm

图5　黄精药材

2. 鉴别

显微鉴别 姜形黄精横切面 表皮细胞外壁较厚。薄壁组织间散有多数大的黏液细胞，内含草酸钙针晶束。维管束散列，多为外韧型。

3. 检查

（1）水分 不得过18.0%。

（2）总灰分 不得过4.0%。

（3）重金属及有害元素 照铅、镉、砷、汞、铜测定法测定，铅不得过5毫克/千克；镉不得过1毫克/千克；砷不得过2毫克/千克；汞不得过0.2毫克/千克；铜不得过20毫克/千克。

4. 浸出物

用稀乙醇作溶剂，按热浸法测定，不得少于45.0%。

七、仓储运输

1. 仓储

药材仓储要求符合NY/T1056—2006《绿色食品 贮藏运输准则》的规定。仓库应具有防虫、防鼠、防鸟的功能；要定期清理、消毒和通风换气，保持洁净卫生；不应与非绿色食品混放；不应和有毒、有害、有异味、易污染物品同库存放；在保管期间如果水分超过18%、包装袋打开、没有及时封口、包装物破碎等，导致黄精吸收空气中的水分，发生返潮、结块、褐变、生虫等现象，必须采取相应的处理措施。

2. 运输

运输车辆的卫生合格，温度在16～20℃，湿度不高于30%，具备防暑、防晒、防雨、防潮、防火等设备，符合装卸要求；进行批量运输时不应与其他有毒、有害、易串味物质混装。

八、药材规格等级

江西、湖南种植的多为多花黄精，市场习称"姜形黄精"。根据其大小分为4个等级。具体分级标准如下。

1. 选货

一等 呈长条结节块状，分枝粗短，形似生姜，长短不等，常数个块状结节相连。表面灰黄色或黄褐色，粗糙，结节上侧有突出的圆盘状茎痕。每千克≤110头。无虫蛀、霉变。

二等 每千克110～210头。其他同"一等"。

三等 每千克≥210头。其他同"一等"。

2. 统货

结节呈长条块状，长短不等，常数个块状结节相连。不分大小。

九、药用和食用价值

（一）临床应用

滋补肝肾，益精明目。用于虚劳精亏、腰膝酸痛、眩晕耳鸣、阳痿遗精、内热消渴、血虚萎黄、目昏不明。

1. 壮筋骨，益精髓，变白发

黄精、苍术各四斤，枸杞根、柏叶各五斤，天门冬三斤。煮汁一石，同曲十斤，糯米一石，如常酿酒饮。(《本草纲目》)

2. 补精气

枸杞子（冬采者佳）、黄精等份。为细末，二味相和，捣成块，捏作饼子，干复捣为末，炼蜜为丸，如梧桐子大。每服五十丸，空心温水送下。(《奇效良方》枸杞丸)

3. 治脾胃虚弱，体倦无力

黄精、党参、淮山药各50克，蒸鸡食。(《湖南农村常用中草药手册》)

4. 治肺痨咯血，赤白带

鲜黄精根头100克，冰糖50克。开水炖服。(《闽东本草》)

5. 治肺结核，病后体虚

黄精15～50克。水煎服或炖猪肉食。(《湖南农村常用中草药手册》)

6. 治小儿下肢痿软

黄精50克，冬蜜50克。开水炖服。(《闽东本草》)

7. 治胃热口渴

黄精18克，熟地、山药各15克，天花粉、麦门冬各12克。水煎服。(《山东中草药手册》)

8. 治眼，补肝气，明目

蔓菁子一斤（以水淘净），黄精二斤（和蔓菁子水蒸九次，曝干）。上药，捣细罗为散。每服，空心以粥饮调下二钱，日午晚食后，以温水再调服。(《太平圣惠方》蔓菁子散)

9. 治荣气不清，久风入脉，因而成癞，鼻坏色败，皮肤痒溃

黄精根（去皮洗净）二斤。日中曝令软，纳粟米饭甑中同蒸之，二斗米熟为度，不拘时服。(《圣济总录》)

10. 治蛲虫病

黄精24克，加冰糖50克，炖服。(《福建中医药》)

11. 高脂血症

黄精30克，山楂25克，何首乌15克。水煎服，每日1剂。

12. 白细胞减少症

黄精2份，大枣亚份。制成100%煎剂，口服，每次20毫升，每日3次。

13. 糖尿病

黄精15克，山药15克，知母、玉竹、麦冬各12克。水煎服。见口渴多饮、体倦乏力属气阴两虚证者有效。

14. 肺阴不足

黄精30克，冰糖50克。将黄精洗净，用冷水泡发3~4小时，放入锅内，再加冰糖、适量清水，用大火煮沸后，改用文火熬至黄精熟烂。每日2次，吃黄精喝汤。适宜用于肺阴不足所致的咳嗽痰少，干咳无痰，咯血等症。

15. 治贫血性、直立性、感染性、原因不明性低血压

黄精、党参各30克，炙甘草10克，水煎服，日1剂。

（二）食用价值

黄精性味甘甜，食用爽口。其肉质根状茎肥厚，含有大量淀粉、糖分、脂肪、蛋白质、胡萝卜素、维生素和多种其他营养成分，生食、炖服既能充饥，又有健身之用，可令人气力倍增、肌肉充盈、骨髓坚强，对身体十分有益。黄精根状茎形状如山芋，山区老百姓常把它当作蔬菜食用。

1. 黄精炖猪肉

原料：黄精60克，猪瘦肉500克，精盐、料酒、葱、姜、胡椒粉适量。

制法：将猪肉洗净，放入沸水锅中焯去血水，捞出切成块。黄精洗净切片，葱、姜拍破。将猪瘦肉、黄精、葱、姜、料酒、盐同放锅中，注入适量清水，用武火烧沸，然后改文火炖至肉熟烂，拣去葱、姜、黄精，用盐、胡椒粉调味即成。

功效：该汤配用猪瘦肉以补肾养血、滋阴润燥，常可治疗肾虚精亏、肺胃阴虚、脾胃虚弱、病后体弱、产后血虚。

2. 黄精鸡

原料：黄精100克，鸡1只（约1500克），料酒、精盐、味精、白糖、葱段、姜片适量。

制法：将黄精洗净切段，将鸡宰杀、去毛，洗净内脏、爪，下沸水锅焯去血水，捞出用清水洗净。锅内放鸡、黄精和适量水，加入料酒、精盐、味精、白糖、葱段、姜片，武

火烧沸，改为文火炖烧，至鸡肉熟烂，拣去黄精、葱、姜，出锅即成。

功效：该品具有补中益气、润肺补肾的功效，适用于体倦乏力、虚弱羸瘦、胃呆食少、肺痨咯血、筋骨软弱、风湿疼痛等病症。

3. 黄精肉饭

原料：粳米100克，黄精25克，瘦猪肉300克，洋葱150克，料酒、精盐、味精、白糖、葱花、姜末适量。

制法：将猪肉洗净切丝，洋葱去老皮洗净切丝，黄精洗净切薄片。炒锅烧热，放入猪肉煸炒至水干，加入料酒、精盐、味精、白糖、葱、姜，煸炒至肉将熟，加入洋葱和适量水，小火焖烧至熟烂。将米洗净入锅，加适量水，大火煮沸时加入黄精，煮至水将收干，倒入肉菜，改为小火焖煮至饭熟即成。

功效：该品具补中益气、润泽皮肤等功效，适合于心血管系统疾病患者服食。

4. 黄精熟地脊骨汤

原料：猪脊骨500克，黄精50克，熟地黄50克。

制法：将猪脊骨洗净、斩断。黄精、熟地黄分别用清水洗净，与猪脊骨一起放入砂煲内，加清水适量，武火煮沸后，改用文火煲2～3小时，调味供用。

功效：此汤具有补肾填精的功效，用于眩晕耳鸣、腰膝酸软、健忘失眠、倦怠神疲等病症。

5. 延年酒

原料：黄精100克，苍术120克，天门冬90克，松叶180克，枸杞150克，白酒8千克和适量蜂蜜。

制法：分别将黄精、苍术、天门冬、松叶、枸杞去杂洗净，黄精、苍术、天门冬切片，一起置于瓷坛内加白酒盖严，放入水浴锅使水淹至酒坛的4/5左右。炖煮至酒沸，搅拌一次，兑入蜂蜜，继续炖至酒花迅速集中时离火。用油蜡纸密封，放置3～4个月即可服用。每日2次，每次15毫升。

功效：此酒适宜中老年人须发早白、视物昏花、风湿痹症、四肢麻木、腰膝酸软等病症。

参考文献

[1] 王慧，袁德培，曾楚华，等. 黄精的药理作用及临床应用研究进展[J]. 湖北民族学院学报（医学版），2017，34（02）：58-60、64.

[2] 徐有为. 多花黄精林下种植技术初探[J]. 绿色科技，2017，（09）：131-132.

[3] 李德胜. 多花黄精林下栽培技术[J]. 现代农业科技，2015，（10）：93+101.

[4] 王婷，苗明三. 黄精的化学、药理及临床应用特点分析[J]. 中医学报，2015，30（05）：714-715，718.

[5] 刘恒. 黄精栽培技术[J]. 福建农业，2013，（01）：16-17.

[6] 顾正位. 黄精栽培技术研究进展[J]. 齐鲁药事，2012，31（06）：358-359.

[7] 刘祥忠. 多花黄精种植技术[J]. 安徽农学通报（上半月刊），2012，18（09）：216-217，219.

[8] 雷震，杨光义，叶方，等. 黄精多糖药理作用及临床应用研究概述[J]. 中国药师，2012，15（01）：114-116.

[9] 田启建，赵致，谷甫刚. 黄精栽培技术研究[J]. 湖北农业科学，2011，50（04）：772-776.

fu pen zi
覆盆子

本品为蔷薇科植物华东覆盆子*Rubus chingii* Hu的干燥果实，又称掌叶覆盆子、大号角公、牛奶母和树莓等。《中国植物志》称为掌叶覆盆子。

一、植物特征

藤状灌木，高1.5～3米；具皮刺，无毛。单叶，近圆形，直径4～9厘米，基部心形，边缘掌状深裂，稀3或7裂；裂片椭圆形或菱状卵形，顶端渐尖，基部狭缩，顶生裂片与侧生裂片近等长或稍长，具重锯齿；叶柄长2～4厘米，疏生小皮刺；托叶线状披针形。单花腋生，直径2.5～3.5（4）厘米，无毛；萼筒毛较稀或近无毛；萼片卵形或卵状长圆形，顶端具凸尖头，外面密被短柔毛；花瓣椭圆形或卵状长圆形，白色，顶端圆钝，长1～1.5厘米，宽0.7～1.2厘米；雄蕊多数，花丝宽扁；雌蕊多数，具柔毛。果实近球形，红色，直径1.5～2厘米，密被灰白色柔毛；核有皱纹。花期3～4月，果期5～6月。（图1，图2）

图1　华东覆盆子植株

图2　华东覆盆子花果

二、资源分布概况

华东覆盆子产于江苏、安徽、浙江、江西、福建、广西等地。现主要栽培产区为浙江、江西、安徽等地。

在全国第四次中药资源普查试点工作中，江西在德兴市建有华东覆盆子的种子种苗繁育基地。目前江西主要种植基地为德兴、上饶、横峰、鄱阳、兴国等地。

三、生长习性

多年生落叶灌木，喜阴凉，不耐热；喜阳光但怕暴晒，耐寒、耐旱，忌积水，积水易造成根部腐烂。多分布在林下、路边、山坡及灌丛较湿润的地方。对土壤要求不严，但以富含腐殖质的酸性土壤为好。华东覆盆子根系分布不深，地上部分由一年生枝和二年生枝组成。每年春天二年生枝（越冬前的一年生枝）的混合芽萌发，长到10～20厘米时开花结果，聚合核果成熟后整个二年生枝连同结果枝枯死，而茎基部芽萌发长成的一年生枝，越冬后即为翌年的二年生枝（结果母枝），以此往复。植株定植后的第二年即可开花结果，3～4年进入盛果期，经济寿命可达二十年左右。

四、栽培技术

（一）繁殖技术

1. 种子繁育

种子繁育，在实际生产应用中发现存在发芽率不稳定的现象，通过对温度、湿度、光照等因素分析及种子质量研究发现，种子繁育需要在低温沙土中进行为最佳，同时保持沙盘光照时间可以提高种子萌发率。在挑选种子时，应选择良种植株的成熟果实，首先将果实在太阳光下自然腐化，再进行种子收集，然后将种子放在湿润的沙盘中萌发，最后将苗移入苗圃地进行培养，在第2年春季移入山地。种子繁育有利于覆盆子良种的选育，是优质种苗大面积山地种植的首选方案。

2. 根蘖繁殖

母株应保持营养充足，土壤疏松、湿润，选留发育好的根蘖，保持同水平带，一般间距1.8～2.0米，按山势陡缓安排，陡的部分3～4米，缓的部分1.0～1.5米。秋后挖根，挖时宜深，保留较多侧枝，挖后先假植，第2年开春建园，该方法要注意在原植株丛内保留老树根，确保植株丛的产量。该方法是山地种植常规有效的一种方式，有利于保持植株的性状。

3. 分株繁殖

将新萌发的30厘米长植株连同带芽的0.4厘米以上、直径20厘米长的根一起挖出，于9月下旬后进行分株种植，开挖30厘米深的沟槽并施放少量农家有机肥，将植株移入畦床中，埋平即可，浇透水。该方法需种植培育2年时间才开始适应高产，同时要注意植株病害，在土壤中混入生石灰进行杀菌除虫。该方法是山地种植时快速扩大种植面积的方式，存活率高。

4. 扦插繁殖

每年11月至次年3月，挖取野生植株剪成20～30厘米长的茎段，进行扦插，插条亦可随取随插，插时最好能用激素（如NAA等）处理，苗床要覆膜，并保持一定的湿度。在实际应用中，该方法存在操作难度。

（二）栽植技术

1. 选地与整地

华东覆盆子为浅根喜光性植物，要选择排水良好无遮挡物的平地或缓坡地种植；山地种植宜在浅山区、阳坡。最佳土壤为肥沃沙壤土，pH为中性或微酸性。在熟地种植，前茬作物不能是土豆、茄子、西红柿、草莓等，防止一些病菌可能存在于这些作物的土壤中，使果实受害。如果是平地，必须起垄，垄宽50厘米，高20～30厘米，垄间距为1.5米。在山区则沿等高线采取带状整地。栽植密度以1米×1.5米为宜，穴的规格为30厘米×30厘米×30厘米。

2. 栽植

栽植时间为春季2～3月，栽前苗根部浸水12～24小时，以保证树苗体内有充足的水分。栽植时要根茎与地表平齐，踩实，浇透水，待水渗下后覆1层疏散表土，注意不要损伤苗木的基生芽。

（三）田间管理

1. 肥水管理

每年5～6月和8～9月进行中耕除草；在开花期和结果期进行追肥，提高产果率和促进果实膨大；秋季施农家肥作基肥。梅雨季节注意排水，防止田间积水造成植株死亡。

2. 搭架引枝

华东覆盆子的枝条柔软，易下垂地面，造成枝条密集，影响通风，容易引起病虫害。为便于通风和提高产量，可进行搭架引枝。

3. 整形修剪

春季及时剪去二年生顶端枯死部分枝条，促进结果枝的发育。同时清理过密枝条，保证合理数量的二年生枝条。夏季主要对主干枝进行摘心。果实采完后，将结果枝全部剪除，促使萌蘖枝生长健壮。（图3）

图3 华东覆盆子种植基地

五、采收加工

1. 采收

覆盆子适宜的采收时间为5月中旬至6月上旬，此时果实已充分发育且呈绿色，但又未转红成熟，采收时要分批进行。

2. 加工

采下的覆盆子，先除去梗叶、花托和其他杂质，然后倒入沸水中烫2～3分钟再捞出，随后进行摊晒或烘干。成品以粒完整、饱满、坚实、色黄绿、味酸、无梗叶屑者为佳。

六、药典标准

1. 性状

本品为聚合果，由多数小核果聚合而成，呈圆锥形或扁圆锥形，高0.6～1.3厘米，直径0.5～1.2厘米。表面黄绿色或淡棕色，顶端钝圆，基部中心凹入。宿萼棕褐色，下有果梗痕。小果易剥落，每个小果呈半月形，背面密被灰白色茸毛，两侧有明显的网纹，腹部有突起的棱线。体轻，质硬。气微，味微酸涩。（图4）

1cm

图4　覆盆子药材

2. 鉴别

显微鉴别　本品粉末棕黄色。非腺毛单细胞，长60～450微米，直径12～20微米，壁甚厚，木化，大多数具双螺纹，有的体部易脱落，足部残留而埋于表皮层，表面观圆多角形或长圆形，直径约至23微米，胞腔分枝，似石细胞状。草酸钙簇晶较多见，直径18～50微米。果皮纤维黄色，上下层纵横或斜向交错排列。

3. 检查

（1）水分　不得过12.0%。

（2）总灰分　不得过9.0%。

4. 浸出物

以稀乙醇作溶剂，按热浸法测定，不得少于9.0%。

七、仓储运输

1. 仓储

药材仓储要求符合NY/T1056—2006《绿色食品 贮藏运输准则》的规定。仓库应具有防虫、防鼠、防鸟的功能；要定期清理、消毒和通风换气，保持洁净卫生；不应与非绿色食品混放；不应和有毒、有害、有异味、易污染物品同库存放；在保管期间如果水分超过14%、包装袋打开、没有及时封口、包装物破碎等，导致药材吸收空气中的水分，发生返潮、结块、褐变、生虫等现象，必须采取相应的处理措施。

2. 运输

运输车辆的卫生合格，温度在16～20℃，湿度不高于30%，具备防暑、防晒、防雨、防潮、防火等设备，符合装卸要求；进行批量运输时不应与其他有毒、有害、易串味物质混装。

八、药用和食用价值

1. 药用价值

（1）功效主治

益肾固精缩尿、养肝明目。用于遗精滑精、遗尿尿频、阳痿早泄、目暗昏花。

（2）临床应用

用量6～12克，煎汤内服；或入丸、散，亦可浸酒或熬膏。用于治疗肾虚不固所致的遗精、滑精、遗尿、尿频；肝肾不足之目暗不明等。

①治尿崩症，年老体虚小便失禁　覆盆子9克，山药、益智仁、乌梅各6克，炙甘草4.5克。煎服。

②治阳事不起　覆盆子，酒浸，焙研为末。每日酒服9克。

③治小儿肾虚遗尿　覆盆子30克，用水2碗，文火煎至1碗，去渣取汤，再用药汤煮瘦猪肉60～90克，不加作料，文火煮熟。肉和汤同时吃下。每日服1次。

2. 食用价值

覆盆子含有相当丰富的维生素A、维生素C及钙、钾、镁等营养元素和大量纤维。每100克覆盆子，水分占87%，含蛋白质0.9克、纤维4.7克，能提供209.3千焦的热量。覆盆子酸甜可口，有"黄金水果"的美誉。

可制成覆盆子巧克力蛋糕、覆盆子补血汤、覆盆子奶冻等食用。

参考文献

[1] 周小卿，曹东宝. 珍贵森林药食同源果品——覆盆子[J]. 南方农业，2014，8（09）：38，154.

[2] 邹国辉，罗光明，孙长清，等. 掌叶覆盆子GAP栽培技术研究[J]. 现代中药研究与实践，2008（4）：3–5.

[3] 夏苏华. 掌叶覆盆子栽培技术和开发途径研究[J]. 中国农业信息，2016（7）：76，79.

[4] 丁新泉，刘敏超，闫翠香. 我国第三代水果产业现状与发展战略[J]. 广东农业科学，2013，40（19）：206–209.

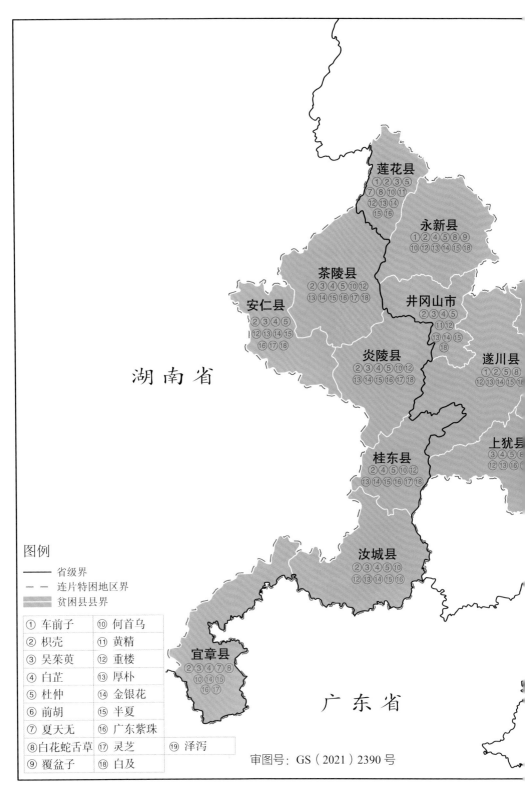

图例

省级界

连片特困地区界

贫困县县界

① 车前子　⑩ 何首乌

② 枳壳　　⑪ 黄精

③ 吴茱萸　⑫ 重楼

④ 白芷　　⑬ 厚朴

⑤ 杜仲　　⑭ 金银花

⑥ 前胡　　⑮ 半夏

⑦ 夏天无　⑯ 广东紫珠

⑧ 白花蛇舌草　⑰ 灵芝

⑨ 覆盆子　⑱ 白及　　⑲ 泽泻

审图号：GS（2021）2390 号

罗霄山区中药

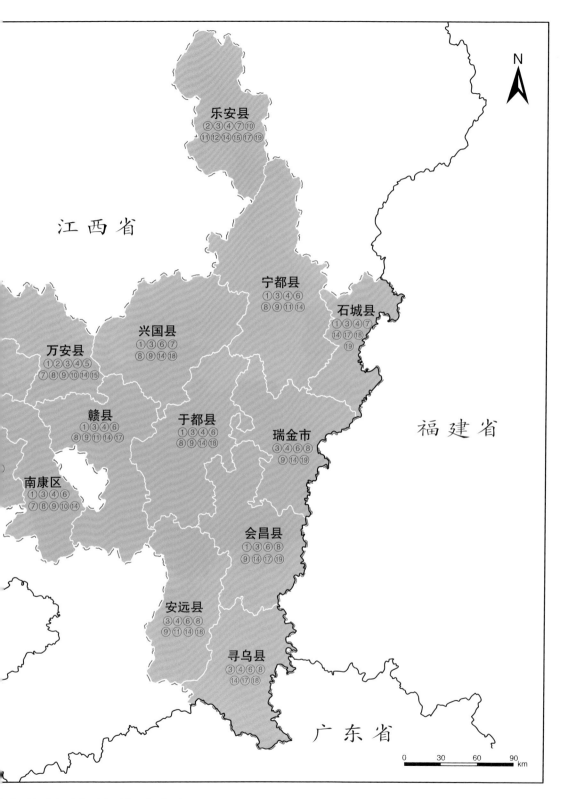

N

江 西 省

乐安县
②③④⑦⑩
⑪⑫⑭⑮⑰⑲

宁都县
①③④⑥
⑧⑨⑪⑭

石城县
①③④⑥⑦
⑭⑰⑱
⑲

兴国县
①③⑥⑦
⑧⑨⑭⑱

万安县
①②③④⑤
⑦⑧⑨⑩⑭⑮

赣县
①③④⑥
⑧⑨⑪⑭⑰

于都县
①③④⑥
⑧⑨⑭⑱

瑞金市
③④⑥⑧
⑨⑭⑲

福 建 省

南康区
①③④⑥
⑦⑧⑨⑩⑭

会昌县
①③⑥⑧
⑨⑭⑰⑲

安远县
③④⑥⑧
⑨⑪⑭⑱

寻乌县
③④⑥⑧
⑭⑰⑱

广 东 省

0   30   60   90
km

材种植品种分布图